高职高专通信技术专业“十二五”规划教材

移动通信基站建设与维护

薛玲媛　编著
刘苏扬　李永芳　参编

西安电子科技大学出版社

内 容 简 介

本书从实际应用出发，系统地介绍了在移动通信3G、4G网络的发展中，建设基站与维护基站的专业知识和技能。

本书做了基于工作过程的项目化设计，全书共分为四大项目：基站勘察与绘图、基站室内施工、天馈系统安装调测、基站运行软件配置与维护。其中设计了10个任务：无线网络规划勘察、基站工程勘察、基站位置图绘制、基站机房布局图绘制、施工计划与预算、室内线路安装、天线安装调测、馈线安装、Node B站点开通和RNC数据配置。

本书层次清楚、图文并茂，内容按情境化编排，生动有趣，非常适合作为高职高专院校通信类、电子信息类专业相关课程的教材，也可作为通信工程技术人员的培训用书。

图书在版编目(CIP)数据

移动通信基站建设与维护/薛玲媛编著. —西安：西安电子科技大学出版社，2012.3(2017.3重印)

高职高专通信技术专业"十二五"规划教材

ISBN 978-7-5606-2755-7

Ⅰ. ①移… Ⅱ. ①薛… Ⅲ. ①移动通信—通信设备—高等职业教育—教材 Ⅳ. ①TP929.5

中国版本图书馆CIP数据核字(2012)第017111号

策　　划　邵汉平

责任编辑　邵汉平　杨　柳

出版发行　西安电子科技大学出版社(西安市太白南路2号)

电　　话　(029)88242885　88201467　　　邮　　编　710071

网　　址　www.xduph.com　　　电子邮箱　xdupfxb001@163.com

经　　销　新华书店

印刷单位　陕西大江印务有限公司

版　　次　2012年3月第1版　2017年3月第3次印刷

开　　本　787毫米×1092毫米　1/16　印 张　10

字　　数　234千字

印　　数　6001～9000册

定　　价　22.00元

ISBN 978-7-5606-2755-7/TP・0644

XDUP 3047001-3

前　言

我国移动通信产业发展迅猛，3G、4G网络的建设与发展需要大量专业人才。为适应行业企业对移动通信基站建设与维护人才的需求，我们编写了本书，旨在培养适应生产第一线需要的高等应用型人才。

本书根据职业教育的特点和目标，结合移动通信专业的岗位技能要求，以移动通信基站建设、维护的真实工作过程为设计基础，归纳典型工作任务，展现了移动通信基站从无到有的建设进程。

本书是基于工作过程而设计的项目化教材，全书设计了四大项目：基站勘察与绘图、基站室内施工、天馈系统安装调测以及基站运行软件配置与维护。其中包括10个任务：无线网络规划勘察、基站工程勘察、基站位置图绘制、基站机房布局图绘制、施工计划与预算、室内线路安装、天线安装调测、馈线安装、Node B站点开通和RNC数据配置。

本书创新了编写方式，借鉴电影剧本的形式，将每个任务进行情境化的设计，具体由以下部分组成。

(1) 任务下达，即“定角色”。下达具体任务，让学生在教学过程中成为主角，使其清楚在本项目模块的岗位定位是什么、要做什么。

(2) 任务目标，即“期望的表演效果”。告知为什么要完成这个任务，预期要达到怎样的效果。

(3) 任务情境，即“布景、道具、化妆”。本环节包括实训环境描述，工作安排，使用的工具、仪表、设备的描述，必要的安全防护，注意事项等。

(4) 任务向导/任务案例，即“导演指导”。教师在教学过程中充当“导演”的角色，对任务进行分析或举例示范，起到指导帮助的作用。

(5) 任务资讯，即“艺术底蕴”。这部分介绍完成任务所必须具有的基础知识和技能，以提高“主角”们的“表演功力”。

(6) 任务评价，即“票房收入”。给出明确的评价指标、评价标准和依据，对任务完成情况进行考核。

新颖的编写方式充分体现了任务引领、实践导向的课程设计思想，围绕着工作任务的完成组织教材内容，按完成工作项目的技能需要和岗位操作规程，设计实践操作内容，并引入必备的理论知识，对应岗位能力标准培养和考核。项目化的教学设计体现了理论实践一体化的特点。

本书由南京铁道职业技术学院薛玲媛任主编、策划全书并编写了任务1、2、5、6、7、8，刘苏扬编写了任务3、4，李永芳编写了任务9、10。全书由薛玲媛、刘苏扬统稿。感谢讯方通信技术公司对任务9、10提供的技术支持。

由于编者水平有限，书中疏漏之处在所难免，恳请广大读者批评指正。

编　者

2011年12月

目　录

项目一　基站勘察与绘图

项目二　基站室内施工

项目三　天馈系统安装调测

项目四　基站运行软件配置与维护

项目一

基站勘察与绘图

任务1　无线网络规划勘察

任务下达

你是某通信网络设计公司的勘察工程师，你公司承接了N市3G无线网络规划的设计工作。在规划初步方案完成后，公司要你对预规划的移动通信基站的外部环境进行勘察，收集网规要求的站址信息及环境描述，判断该环境是否适合建站，填写勘察记录单并提出改进建议，为下一步调整设计规划提供依据。

你今天的任务是勘察位于A路B号C栋的预规划站点。出发吧！

➢ 任务目标

知识目标	1. 掌握无线网络结构； 2. 掌握网络规划勘察室外环境要求
技能目标	1. 能正确使用勘察仪表； 2. 能正确判断环境是否适合建设基站； 3. 能正确填写勘察记录单，正确描述环境并提出改进建议
态度目标	1. 良好的职业道德； 2. 良好的安全意识； 3. 良好的沟通能力与团结协作精神

➢ 任务情境

■ 工作安排

(1) 联系企业参观基站，观察基站周围环境。

(2) 选择校区中较高建筑物中的一间房间及其楼顶平台作为模拟预规划的移动通信基站，并进行勘察实训。

(3) 2～4 人一组，选出组长一名。

■ 携带设备

序　号	仪 表 设 备	具 体 用 途
1	GPS 定位仪	定位
2	激光测距仪	勘测距离
3	皮卷尺	勘测距离
4	望远镜	环境观察、方向定位、线路勘测、距离测量
5	罗盘仪	指示方向，测量方位角，还可以测量倾向、倾角、距离、高度、坡度等
6	绘图板	勘察中绘制草图
7	绘图文具(铅笔、橡皮、小刀等)	
8	数码照相机	勘察时对现场环境的记录
9	地图	显示勘察地区的地理信息
10	相关设计文件	备查阅

■ 完成勘察记录单中的各栏目

站址勘察记录单

基站编号		经　　度	
基站名称		纬　　度	
建筑物高度		海拔高度	
站点具体位置			
覆盖区类型	□一般城区　□密集城区　□郊区　□农村地区		
基站类型	□宏基站　□微基站　□射频拉远		
基站状态	□新站　□共用站(状态：　　　　　　　)		
建站意图			

续表

周围环境描述					
特殊情况记录(简要描述，详情另写备忘录)					
有无铁塔、抱杆；若有，描述					
建议	(适合建站继续；不适合，另选站址并勘察)				
小区 1		小区 2		小区 3	
方向角		方向角		方向角	
重点区域描述(附照片)		重点区域描述(附照片)		重点区域描述(附照片)	
重点建筑物高度		重点建筑物高度		重点建筑物高度	
距基站距离		距基站距离		距基站距离	
楼顶平面图(标明塔楼位置尺寸，标明建议抱杆位置)					

参与人员：　　　　　　　　　　　　　　　　　　日期：

任务提醒：

(1) 上、下楼顶平台注意安全。

(2) 楼顶平台作业远离楼边缘，禁止打闹。

(3) 爱护仪表设备。

➢ 任务向导

一、无线网络规划勘察目的

在通信网络建设过程中，基站勘察是最关键的工作之一。无线网络规划勘察的内容主要包括无线传播环境和工程安装条件。

针对候选站点，收集网规要求的站址信息及环境描述，确定该站点是否满足建站要求。包括基站周围的建筑环境，自然环境，电磁背景环境，天线、设备的安装条件，电源、传输供应条件等。

二、基站站址选择原则

(1) 站址应尽量选择在规则蜂窝网孔中规定的理想位置，其偏差不应大于基站小区半径的四分之一，以便频率规划和以后的小区分裂。

(2) 基站位置应对应于话务密度分布。

(3) 在建网初期投入站点较少时，选择的站址应保证重要用户和用户密度较大地区的覆盖。

(4) 在勘察市区基站时，对于宏蜂窝，基站应选择高于建筑物平均高度但低于最高建筑物的楼宇做站址；对于微蜂窝则选择低于建筑物平均高度且四周建筑物屏蔽较好的楼宇设站。

(5) 在勘察郊区和乡镇站点时，需要对站址周围是否有受到遮挡的大话务量地区进行调查核实。

(6) 在市区楼群中选址时，应避免天线指向附近的高大建筑物或即将建设的高大建筑物。

(7) 避免在大功率无线电发射台、雷达站或其他干扰源附近设站。如非选不可，应做干扰场强测试。

(8) 避免在高山上设站。在城区设高站干扰范围大，影响频率复用；在乡村设高站往往使对于小盆地区域的覆盖不好。

(9) 避免在树林中设站。如要设站，应保证天线高于树顶。

(10) 保证必要的建站条件。

① 对于市区站点的建站要求有：楼内有可用的市电和防雷接地系统，楼面负荷应满足要求，楼顶有安装天线的场地。

② 对于乡村站点的建站要求有：市电可靠、环境安全、交通方便，便于架设铁塔等基

建设施。

(11) 站址供电方式尽量不要采用农电直接供电，否则可能会因为电压不稳影响基站正常工作。

(12) 两个系统的基站应尽量共址和靠近选址。

三、基站周围传播环境的勘察

从正北方向开始，记录基站周围 500 m 范围内各个方向与天线高度差不多或者比天线高的建筑物或者自然障碍物的高度和到本站的距离。

在天线安装平台拍摄站址周围的无线传播环境：根据指南针的指示，从0° (正北方向)开始，以30°为步长，顺时针拍摄12个方向的照片，每张照片要在绘制的天面平面示意图上注明拍摄点的位置以及拍摄方向。拍摄时应即时记录照片的角度信息以便于归档，在能看清的基础上，照片要采用尽量小的格式保存。

观察站址周围是否存在其他运营商的天馈系统，并做记录。

(1) 记录天面信息(未建、已建站点情况的天面信息)。

① 未建站点：在天面图上标明天线安装位置及走线架的基本走向。对于天线附近的环境，主要考虑天线之间的隔离度和天线受铁塔、楼面等的影响；对于基站附近环境，则主要考虑 500 m 以内高层建筑物对无线信号传播的影响。基站天线在安装时还应该注意其在覆盖区是否会产生较大的阴影，安装时应尽量避开阻挡物，如安装在楼顶的天线须注意楼顶天面对无线信号的阻挡，所以应尽量靠近边沿安装。

② 已建站点：在确定天线安装位置过程中受到很多制约因素的影响，天线安装平台的空间位置信息和共站址的异系统天馈参数将在很大程度上影响天线安装的位置。

(2) 其他情况。

勘察完成后应现场填写勘察表。

四、常见问题

(1) 弱信号区及信号盲区。站间距过大、有障碍物阻挡、室内覆盖不足等都会产生弱信号区及信号盲区。

(2) 重叠覆盖区域太大。弱基站数过多、站间距过小、前向功率分配不当以及小区覆盖未能很好控制时会造成站间重叠区过大或出现乒乓切换等；过多的强导频信号会造成导频污染、恶化通信质量，甚至造成掉话。

(3) 越区覆盖。选择市区、郊区高山或过高的高楼建站时，可能会产生越区覆盖。当确定站址及天馈主瓣方向时，若小区方向与具有波导效应的地物如街道、江河走向一致也可能产生越区覆盖。

五、出发前的准备

(1) 熟悉工程概况，尽量收集与项目相关的各种资料，主要包括以下内容：

① 设计与工程文件(可选，主要是指与前期工程相关的一些文件，比如无线网络预规划报告，前期实验站点工程资料等)；

② 网络背景；

③ 当地地图；

④ 基站勘察表；

⑤ 现有网络情况。

(2) 与市场人员或工程部人员取得联系，记录办事处电话、运营商的地址、联系人电话、到达途径等。

(3) 工具准备。

(4) 勘察协调会。

在正式开始勘察前，应集中所有相关人员召开勘察准备协调会，主要内容包括以下几个方面：

① 了解当地电磁背景情况，必要时进行清频测试；

② 勘察及配合人员落实；

③ 车辆、设备准备；

④ 制定勘察计划，确定勘察路线，如果需勘察区域比较大，可划分成几组同时进行勘察；

⑤ 与运营商交流获得共站址站点已有天线系统的频段、最大发射功率、天线方向角和下倾角等；

⑥ 如果涉及非运营商物业的楼宇或者铁塔，需要向运营商确认是否可以到达楼宇天面或者铁塔；

⑦ 同运营商进行充分沟通，确认运营商需要重点照顾的区域在本站址的覆盖范围内，勘察前应该明确这些重点覆盖区域。

六、勘察文档

准确规范的文档可为随后的网络规划及优化工作提供服务，它是工程质量的有力保障，也是将来网络扩容规划的依据。

1. 基站勘察报告

基站勘察报告的内容主要包括两部分：基站勘察表和基站勘察备忘录。

每个基站都有一张基站勘察表，主要记录基站的经纬度、天馈设计、周边环境等内容。拍摄基站覆盖区域时以正北方向为准，每隔 45° 拍摄 1 张，重点覆盖区域 2 张，基站远景照片 2 张，共拍摄 8 张。

基站勘察备忘录主要是对勘察遗留问题的总结，便于后期的监控跟踪。

2. 工程参数总表

工程参数总表是对基站勘察报告的简要总结，其主要数据来源是基站勘察报告、运营商提供的相关数据等。工程参数总表中的数据需要随着网络的发展实时更新，并保证同实际的网络一致。其中，容易出错的是扇区方向角以及因为方向角的改变而引起的扇区名的改变。扇区名的顺序应按照顺时针编号。

上述资料要保存，并提交运营商签字归档。报告中的内容要保持一致(勘察报告前后一致且与合同内容一致，不一致的要在备忘录中表现出来)，签字栏必须签上勘察人员的名字。

➤ 任务资讯

一、无线网络结构

移动通信是指通信双(多)方至少有一方在移动状态中进行信息传输和交换。包括移动体和移动体之间的通信，移动体与固定点之间的通信。

现代移动通信发展至今，主要经历了第二代、第三代(3rd Generation，3G)移动通信，并且已经逐渐开始规模商用；未来的第四代(4th Generation，4G)移动通信技术的研究也取得了不少的成果。

1．2G 网络结构(以 GSM 网络为例)

GSM(Global System for Mobile communication)即全球通系统，是由欧洲主要电信运营商和制造商组成的标准化委员会设计出来的、基于 TDMA/FDMA 技术的数字蜂窝移动通信系统，它是第二代移动通信系统的典型代表。GSM 数字蜂窝移动通信系统属于小区制大容量公用移动电话系统。

GSM 通信系统主要由移动台(Mobile Station，MS)、移动网子系统(mobile Network Switching System，NSS)、基站子系统(Base Station System，BSS)和操作支持子系统(Operation and Support System，OSS)四大部分组成。2G 网络结构如图 1-1 所示。

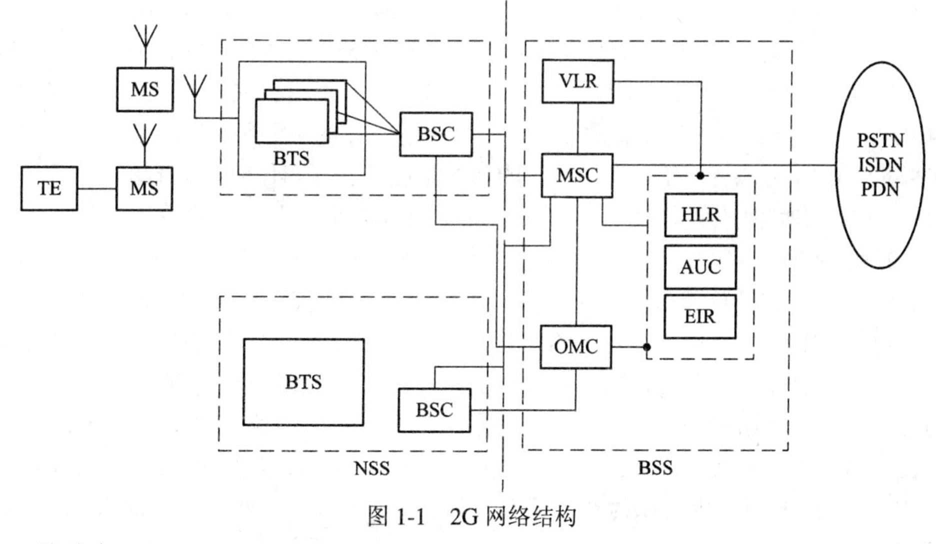

图 1-1　2G 网络结构

(1) 移动台(MS)。

移动台是 GSM 系统中用户使用的终端设备，也是用户能够直接接触的整个 GSM 系统中的唯一设备，它可以是车载移动台、便携移动台和手持移动台。

移动台由移动设备(TE)和用户识别卡(SIM)组成。移动用户和移动台两者是完全独立的，任何移动用户只要拥有自己的 SIM 卡就可以使用不同的移动台。GSM 系统是通过 SIM 卡来识别移动用户的，SIM 卡包含所有与网络和用户有关的管理数据。使用 GSM 标准的移动台都需要插入 SIM 卡，只有当处理异常的紧急呼叫时，才可以在不用 SIM 卡的情况下操作移动台。

(2) 移动网子系统(NSS)。

移动网子系统又称为交换子系统，主要用于完成GSM系统的交换功能和用户数据管理、移动性管理、安全性管理所需的数据库功能。NSS 对 GSM 移动用户之间的通信以及 GSM 移动用户与其他通信网用户之间的通信起着管理作用。NSS 主要由移动业务交换中心(MSC)、原籍位置寄存器(HLR)、访问位置寄存器(VLR)、鉴权中心(AUC)、移动设备识别寄存器(EIR)和操作维护中心(OMC)6 种功能实体构成。

① 移动业务交换中心(MSC)。MSC 是移动网的核心部分，主要完成对位于其覆盖区内移动台的控制和话路交换功能，同时，它还是 GSM 系统与其他公用通信网之间的接口。MSC 面向以下功能实体：BSS、HLR、AUC、EIR、OMC、PSTN、ISDN，从而把移动用户与固定网用户、移动用户与移动用户之间互相连接起来。

移动业务交换中心负责建立呼叫、路由选择、控制和终止呼叫，负责管理交换区内部的切换和补充业务，还负责搜集计费和账单信息，协调 GSM 系统与固定网之间的业务等。

MSC 处理用户呼叫所需要的数据取自 HLR、VLR 和 AUC 三个数据库，并且将根据用户当前位置和状态信息更新数据库。每个 MSC 还应能完成查询位置信息的功能，MSC 可通过询问某 MS 所登记的 HLR，该 HLR 将以 MS 当前所在的 MSC 区的地址作为回答，这样，MSC 可为该呼叫选择正确的路由。

② 原籍位置寄存器(HLR)。HLR 是 GSM 系统的中央数据库，主要用来存储本地用户的相关信息。在蜂窝通信网中，通常设置若干个 HLR，典型的 HLR 是一台独立的计算机，它没有交换能力，但能管理成千上万的用户。每个用户都必须在某个 HLR 中登记，登记的内容分为两类：一类是永久性参数，如移动用户 ISDN 号码(MSISDN)、移动用户识别码(IMSI)、接入的优先等级、预定的业务类型以及保密参数等；另一类是暂时性的、需要随时更新的参数，即用户当前所处位置的有关参数，即使用户漫游到其他服务区域，HLR 也要登记由漫游地传送来的位置信息。采用 HLR 登记参数的目的是保证当呼叫任何一个不知处于哪一个地区的移动用户时，均可由该移动用户的 HLR 获知他当时所处的地区，进而建立通信链路。

③ 访问位置寄存器(VLR)。VLR 可以看做一个动态数据库，主要用来存储来访用户的相关信息。当移动用户漫游到新的 MSC 控制区时，必须向该地区的 VLR 申请登记。VLR 要从该用户的 HLR 中查询与他有关的参数，给该用户分配一个新的漫游号码(MSRN)，并通知其 HLR 修改该用户的位置数据，准备为其他用户呼叫此移动用户时提供路由信息。

另外，如果移动用户由一个 VLR 服务区移动到另一个 VLR 服务区时，HLR 在修改该用户的位置信息后，还要通知原来的 VLR 删除此移动用户的位置信息。一个 VLR 通常为一个 MSC 控制区服务，也可以为几个相邻 MSC 控制区服务。通常，VLR 与 MSC 合置于一个物理实体中。

④ 鉴权中心(AUC)。AUC 用于存储鉴权信息和加密密钥，它用来防止未授权用户接入系统，并对无线接口上的语音、数据、信令信息进行加密保护，以保证移动用户通过无线接口通信的安全。通常，AUC 与 HLR 合置于一个物理实体中。

⑤ 移动设备识别寄存器(EIR)。EIR 用于存储移动设备的国际移动设备识别码(IMEI)，通过核查白色、黑色和灰色 3 种清单，运营部门就可判断出移动设备是属于准许使用的，或是失窃而不准使用的，还是由于技术故障或误操作而危及网络正常运行的，以确保网络内使用的移动设备的唯一性和安全性。

⑥ 操作维护中心(OMC)。OMC 负责对全网进行监控与操作。例如，系统的自检、报警与备用设备的激活，系统的故障诊断与处理，话务量的统计和计费数据的记录与传递，以及与网络参数有关的各种参数的收集、分析与显示等。

(3) 基站子系统(BSS)。

基站子系统(BSS)为移动台(MS)和移动网子系统(NSS)之间提供和管理传输通路，特别是 MS 和 GSM 系统的功能实体之间的无线接口管理。NSS 是整个 GSM 系统的控制和交换中心，它负责所有与移动用户有关的呼叫接续处理、移动性管理、用户设备及保密管理等功能，并提供 GSM 系统与其他网络之间的连接。MS、BSS 和 NSS 组成 GSM 系统的实体部分，操作支持子系统(OSS)负责全网的通信质量及运行的检验和管理。

基站子系统是 GSM 系统的基本组成部分。一方面，BSS 通过无线接口与移动台相连，进行无线发送、接收和无线资源管理；另一方面，BSS 还要通过中继链路与 NSS 中的 MSC 相连，实现移动用户之间或移动用户与固定网络用户之间的通信连接。

BSS 主要由基站控制器(BSC)和基站收发信机(BTS)两个功能实体构成。

通常，一个 MSC 监控一个或多个 BSC，每个 BSC 控制多个 BTS。BTS 和 BSC 可设在同一个位置，即 BTS 可以直接与 BSC 相连，也可以和 BSC 分开设置，也就是说，BTS 可以通过基站接口设备(BIE)采用远端控制的连接方式与 BSC 相连接。

① 基站控制器(BSC)。BSC 是一个高容量的交换机，是 BTS 和 MSC 之间的连接点，也为 MSC 和 BTS 之间交换信息提供接口。BSC 的主要功能是进行无线信道管理、实施呼叫和通信链路的建立和拆除，并对本控制区内移动台的越区切换进行控制。

② 基站收发信机(BTS)。BTS 是 BSS 的无线部分，它完全由 BSC 控制并服务于某小区的无线收发信设备，用于完成 BSC 与无线信道间的转接，从而实现 BTS 与移动台间的无线传输及相关的控制功能。

(4) 操作支持子系统(OSS)。

操作支持子系统(OSS)主要包括网络管理中心(NMC)、安全性管理中心(SEMC)、用于用户识别卡管理的个人化中心(PCS)、用于集中计费管理的数据后处理系统(DPPS)等功能实体。OSS 用以实现对移动用户管理、移动设备管理以及网络操作与维护。

2．3G 网络结构 (以 WCDMA 网络为例)

WCDMA 系统的网络结构与第二代移动通信系统 GSM 的类似，具体包括无线接入网络、核心网络、用户终端设备、操作维护中心和外部网络，其结构如图 1-2 所示。

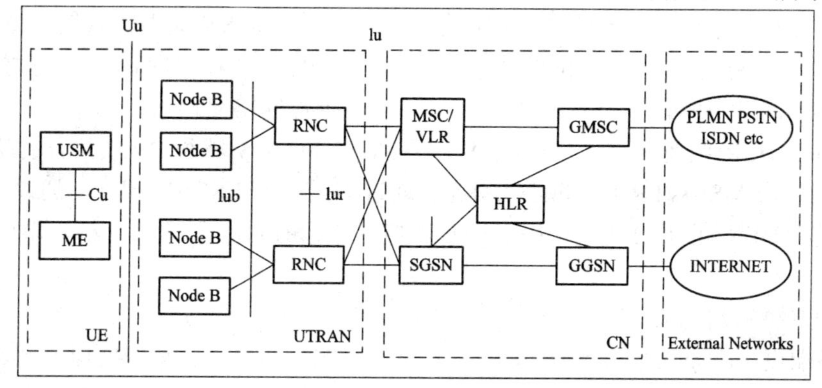

图 1-2　3G 网络结构

(1) 无线接入网络。

无线接入网络(UTRAN 或称 RAN)分为基站(Node B)和无线网络控制器(RNC)两部分。

① 基站(Node B)。WCDMA 系统的基站包括无线收/发信机和基带处理部件。它通过标准的 Iub 接口和 RNC 互连，主要完成 Uu 接口物理层协议的处理。基站的主要功能是扩频、调制、信道编码及解扩、解调、信道解码，还包括基带信号和射频信号的相互转换等功能。Node B 由四个逻辑功能模块构成，分别为射频收/发放大系统(TRX)、基带部分(BB)、传输接入单元和基站控制部分。

② 无线网络控制器(RNC)。RNC 主要完成连接建立和断开、切换、宏分集合并、无线资源管理控制等功能。具体包括：

- 执行系统信息广播与系统接入控制功能；
- 切换和 RNC 迁移等移动性管理功能；
- 宏分集合并、功率控制、无线承载分配等无线资源管理和控制功能。

(2) 核心网络。核心网络(CN)负责与其他网络的连接和对 UE 的通信与管理，主要包括以下功能实体：

① MSC/VLR。MSC/VLR 是 WCDMA 核心网 CS(电路交换)域的功能节点，它通过 Iu-CS 接口与 RAN 相连，通过 PSTN/ISDN 接口与外部网络(PSTN、ISDN 等)相连，通过 C/D 接口与 HLR 相连，通过 E 接口与其他 MSC/VLR、GMSC 相连，通过 Gs 接口与 SGSN 相连。

MSC/VLR 的主要功能是提供 CS 域的呼叫控制、移动性管理、鉴权和加密等。

② GMSC。GMSC 是 WCDMA 移动网 CS 域与外部网络之间的网关节点，也称为接口交换机，它是可选功能节点。GMSC 通过 E 接口与外部网络(PSTN、ISDN、其他 PLMN)相连，通过 C/D 接口与 HLR 相连。GMSC 主要完成 VMSC 功能中的呼入/呼出的路由功能及与固定网等外部网络的网间结算功能。

③ SGSN。SGSN 是 WCDMA 核心网 PS(分组交换)域的功能节点，它通过 Iu-ps 接口与 RAN 相连，通过 Gn/Gp 接口与 GGSN 相连，通过 Gr 接口与 HLR 相连，通过 Gs 接口与 MSC/VLR 相连。SGSN 的主要功能是提供 PS 域的路由转发、移动性管理、会话管理、鉴权和加密等。

④ GGSN。GGSN 是 WCDMA 核心网 PS(分组交换)域功能节点，它通过 Gn-Gp 接口与 SGSN 相连，通过 Gi 接口与外部数据网络(Internet/Intranet)相连。

GGSN 的主要功能是同外部 IP 分组网络的接口相连。GGSN 提供数据包在 WCDMA 移动网和外部数据网之间的路由和封装。从外部网的观点来看，GGSN 就好像是可寻址 WCDMA 移动网络中所有用户 IP 的路由器，需要同外部网络交换路由信息。

⑤ HLR。HLR(归属位置寄存器)是 WCDMA 核心网 CS 域和 PS 域共有的功能节点，它通过 C 接口与 MSC/VLR 或 GMSC 相连，通过 Gr 接口与 SGSN 相连，通过 Gc 接口与 GGSN 相连。HLR 的主要功能是提供用户的签约信息存放、新业务支持、增强的鉴权等功能。

(3) 用户终端设备。

用户终端设备(User Equipment，UE)主要包括射频处理单元、基带处理单元、协议栈模块以及应用层软件模块等。UE 通过 Uu 接口与网络设备进行数据交互，为用户提供电路域和分组域内的各种业务功能，包括普通语音、数据通信、移动多媒体、Internet 应用(如 E-mail、WWW 浏览、FTP 等)。

UE 包括 ME 和 USIM 两部分。

ME(裸机)提供应用和服务。USIM 提供用户身份识别。

(4) 操作维护中心。

操作维护中心(OMC)包括设备管理系统和网络管理系统。

设备管理系统完成对各独立网元的维护管理，包括性能管理、配置管理、故障管理、计费管理和安全管理等。

网络管理系统能够对全网所有相关网元进行统一维护和管理，实现综合集中的网络业务功能，同样包括网络业务的性能管理、配置管理、故障管理、计费管理和安全管理。

(5) 外部网络。

外部网络可分为以下两类。

① 电路交换网络(CS Networks)：提供电路交换的连接，如通话服务。ISDN 和 PSTN 均属于电路交换网络。

② 分组交换网络(PS Networks)：提供数据包的连接服务。Internet 属于分组数据交换网络。

3．2G/3G 双制式网络结构

2G/3G 双制式网络结构如图 1-3 所示。

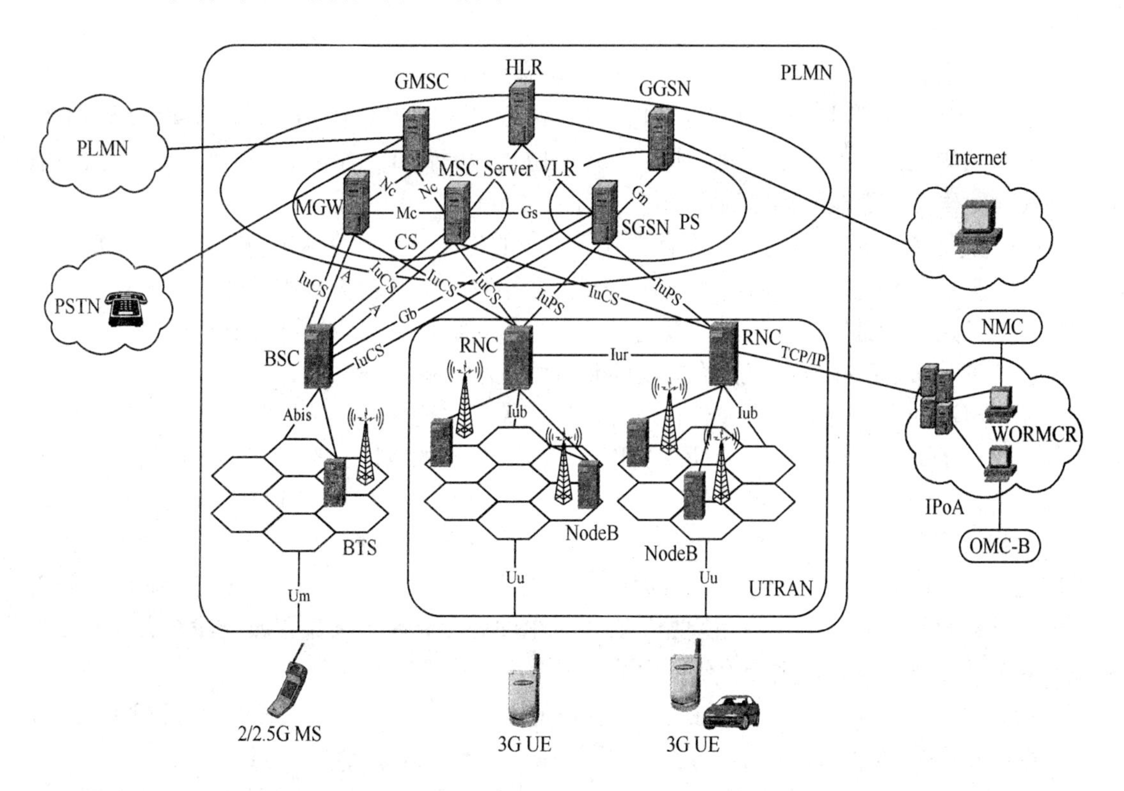

图 1-3　2G/3G 双制式网络结构

二、无线电波的传播机制

无线通信中，信息是利用电磁波的辐射和传播通过空间传送的。

无线电波的传播机制是多种多样的，发射机天线发出的无线电波通过不同的路径到达接收机。无线电波通过各个途径的距离不同，导致到达的时间不同，从而相位也不同。

在蜂窝移动通信系统中，从发射天线直接到达接收天线的电波称为直射波。除了直射波外，影响电波传播的三种基本传播机制有反射波、绕射波和散射波。

(1) 反射波。电波传播时遇到比波长大得多的物体，会发生反射，反射发生于地球表面、建筑物和墙壁表面等。反射路径如图 1-4 所示。

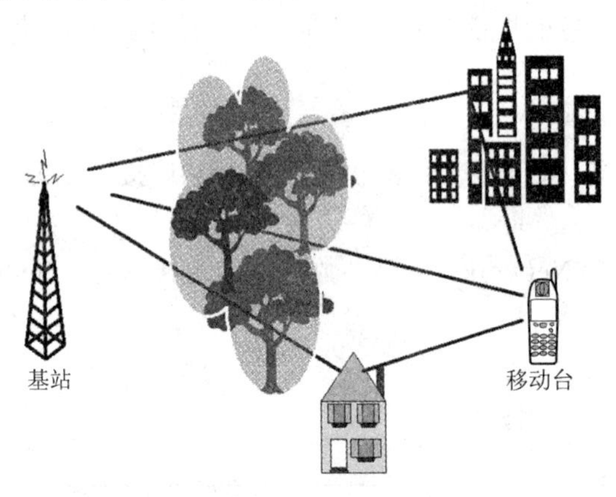

图 1-4　反射路径图

(2) 绕射波。接收机和发射机之间的无线路径被尖利的边缘阻挡时，会发生绕射。由阻挡表面产生的二次波散布于空间，甚至存在于阻挡体的背面。绕射使得无线电信号围绕地球曲线表面传播，且能够传播到阻挡物的背面。

(3) 散射波。电波穿行的介质中存在小于波长的物体并且单位体积内阻挡体的个数非常巨大时，会发生散射。散射波产生于粗糙表面、小物体或其他不规则物体。在实际移动通信环境中，接收信号比单独绕射或反射的信号要强。这是因为当电波遇到粗糙表面时，由于反射能量散布于所有方向，就给接收机提供了额外的能量。

无线电波的传播特性与电波传播环境密切相关，主要包括地形地貌、人工建筑、气象条件、电磁干扰等环境，以及移动台的移动速度与使用的频段。在蜂窝移动通信系统中，接收机的接收功率随距离而减小的现象被称为路径损耗；多数移动通信系统工作在城区，发射机和接收机之间无直接视距路径，而且高层建筑产生了强烈的绕射损耗；此外，由于不同物体的多路径反射，经过不同长度路径的电波相互作用会引起多径损耗。同时，随着发射机和接收机之间距离的不断增加，会引起电波强度衰减。如果接收天线在大于几十米或几百米的距离上移动，则接收信号中的尺度变化被称为阴影效应。

由于移动通信环境具有复杂性与多样性，使电波在传播时会产生三种不同类型的效应。

(1) 阴影效应。由地形结构引起的传播损耗，表现为慢衰落或称为长期衰落。

(2) 多径效应。由于移动体周围的局部散射体引起多径传播，使到达接收机输入端的信号相互叠加，其合成的信号幅度表现为快速起伏变化，即快衰落或称为短期衰落。

(3) 多普勒效应。由于移动体的运动速度和方向会使接收的信号产生多普勒频移，在多径条件下，便形成多普勒频谱扩展，从而对信号形成随机调频的多普勒效应。

下面对移动通信的传播损耗与信号衰落情况进行说明。

1．传播损耗

传播损耗是指移动通信中随着传播距离的增加功率电平的损耗(或衰减)值，一般用分贝(dB)表示。常见的传播损耗包括自由空间的传播损耗、反射损耗、绕射损耗、人体损耗、车内损耗、植被损耗及建筑物的贯穿损耗等。

直射波传播可按自由空间传播来考虑，它是指天线周围为无限大真空时的电波传播，是最理想的传播条件。电波在自由空间传播时，其能量既不会被障碍物所吸收，也不会产生反射或散射。

实际情况下，传播路径上没有障碍物阻挡，到达接收天线的地面反射信号场强也可以忽略不计，在这样的情况下，电波可以视为在自由空间传播。对于移动通信系统而言，自由空间传播损耗与传播距离和工作频率有关，可定义为

$$L = 32.45 + 20\lg d + 20\lg f$$

式中，L 表示自由空间传播损耗，单位为 dB；d 表示传播距离，单位为 km；f 表示工作频率，单位为 MHz。

由上式可得出，传播距离 d 越远，自由空间传播损耗 L 就越大，当传播距离 d 加大一倍，自由空间传播损耗 L 就增加 6 dB；工作频率 f 越高，自由空间传播损耗 L 越大，当工作频率 f 提高一倍，自由空间传播损耗 L 就增加 6 dB。

在这种理想的自由空间中，不存在电波的吸收、反射、折射和绕射等现象，只存在因电磁波能量扩散而引起的传播损耗。实际上，电波传播总要不同程度地受到实际介质或障碍物的影响。在研究电波传播问题时，通常是以自由空间为基础作为参考标准的，这样可以简化场强和传输损耗的计算。

在移动通信中，当距离很小且有直射波时(如在微小区中或收、发在同一室内时)，其传播损耗非常接近于自由空间情况。传播损耗和距离 d 的平方大约成正比关系。

2．信号衰落

在蜂窝移动通信中，接收点所接收到的信号场强是随机起伏变化的，这种随机起伏变化称为衰落。对于这种随机量通常是采用统计分析法研究的。典型信号衰落特性如图 1-5 所示。

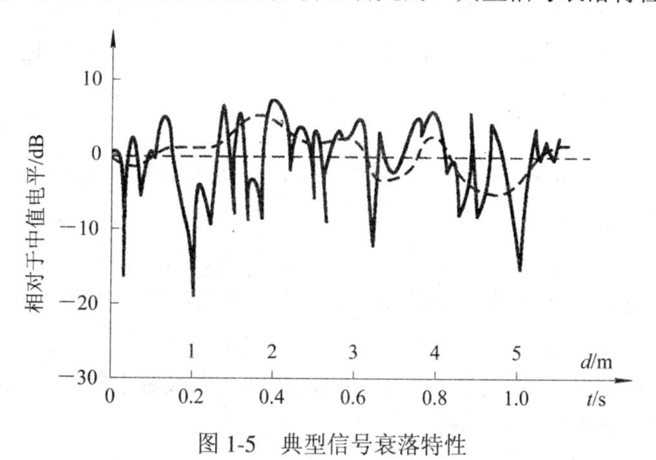

图 1-5　典型信号衰落特性

图 1-5 中，横坐标是时间或距离($d = vt$，v 为移动速度)，纵坐标是相对信号电平(单位为 dB)，变化范围约为−30 dB～40 dB。图中虚线表示的是信号局部场强中值，其含义是，在局部时间中，信号电平大于或小于该中值的时间各为 50%。由于移动台的不断运动，电波传播路径中的地形、地物是不断变化的，因而局部中值也是变化的，这种变化引起了信号衰落。

根据场强特性曲线的起伏变化情况，信号衰落又有快慢之分。场强特性曲线的瞬时值呈快速起伏变化的称快衰落；场强特性曲线的中值呈慢速起伏变化的称慢衰落。两种衰落都与接收机天线的位移有关。

快衰落是由于移动台运动和地点的变化而产生的。主要是因为移动台附近的散射体(地形、地物和移动体等)引起的多径传播信号在接收点相互叠加，造成接收信号快速起伏，每秒钟可达几十次。快衰落除与地形、地物有关外，还与移动台的速度和信号的波长有关，并且幅度可达几十分贝，信号的变化呈瑞利分布，因此也叫瑞利衰落。

短期快衰落严重影响着信号的传输质量，并且是不可避免的，只能采用抗衰落技术来减少其影响。

与多径传播引起的快衰落不同，慢衰落主要由阴影效应和大气折射所引起。由于电波在传播路径中遇到起伏的地形、建筑物、树林等障碍物阻挡，在障碍物后面会形成电波的阴影区。阴影区的信号较弱，当移动台在运动中穿过阴影区时，就会造成接收信号场强中值的缓慢衰落，这种现象就是阴影效应。慢衰落的衰落速率与频率无关，主要取决于传播环境。接收信号场强中值电平变化的幅度(衰落的深度)取决于信号频率与障碍物的状况。频率较高的信号比频率较低的信号容易穿透建筑物，而频率较低的信号比频率较高的信号具有更好的绕射能力。

长期慢衰落主要影响无线区域的覆盖，其平均信号衰落和关于平均衰落的变化具有对数正态分布的特征。

三、无线通信中的噪声和干扰

通俗地说，信道就是指以传输介质为基础的信号通路；具体地说，信道是指由有线或无线电提供的信号通路。

信号在无线信道内传输的过程中，除了损耗和衰落之外，还会受到噪声和干扰的影响。其中噪声可分为内部噪声和外部噪声，外部噪声包括自然噪声和人为噪声。干扰是指无线电台之间的相互干扰，包括电台本身产生的干扰，如邻道干扰、同频道干扰、互调干扰以及因远近效应引起的近端对远端信号的干扰等。

1. 噪声

蜂窝移动通信中噪声的来源是多方面的。噪声可以看做通信系统中对信号有影响的所有干扰的集合。根据噪声的来源不同，可以比较直观、粗略地分为以下四类。

(1) 无线电噪声。无线电噪声来源于各种用途的无线电发射机。这类噪声的频率范围很宽广，从甚低频到特高频都可能有无线电干扰存在，并且干扰的强度有时很大。无线电噪声的特点是干扰频率是固定的，因此可以预先设法防止干扰出现，特别是在加强了无线电频率的管理工作后，无论在频率的稳定性、准确性以及谐波辐射等方面都有了严格的规定，使得信道内信号受其影响可降低到最低程度。

(2) 工业噪声。工业噪声来源于各种电气设备，如电力线、点火系统、电车、电源开关、电力铁道和高频电炉等。这类噪声来源分布广泛，无论城市还是农村，内地还是边疆，都有工业干扰存在。尤其是在现代化社会里，各种电气设备越来越多，因此这类干扰的强度也越来越大。工业噪声的特点是干扰频谱集中于较低的频率范围，例如几十兆赫兹以内。因此，选择高于这个频段工作的信道就可以防止受到噪声干扰。另外，也可以在干扰源方面设法消除或减少干扰的产生，例如，加强屏蔽和滤波措施、防止接触不良和消除波形失真。

(3) 天电噪声。天电噪声来源于雷电、磁暴、太阳黑子以及宇宙射线等，可以说整个宇宙空间都是产生这类噪声的根源，因此它的存在是客观的。由于这类自然现象与发生的时间、季节、地区等有很大关系，因此天电干扰的影响也是大小不同的。例如，夏季比冬季严重，赤道比两极严重，在太阳黑子发生变动的年份天电干扰更为加剧。天电干扰所占的频谱范围很宽，且频率不固定，因此很难防止天电干扰产生的影响。

(4) 内部噪声。内部噪声来源于信道本身所包含的各种电子器件、转换器以及天线或传输线等。例如，电阻及各种导体会在分子热运动的影响下产生热噪声，电子管或晶体管等电子器件会由于电子发射不均匀等产生器件噪声。这类干扰是由无数个自由电子做不规则运动所形成的，因此它的波形也是不规则变化的，在示波器上观察就像一堆杂乱无章的茅草，通常称之为起伏噪声。由于在数学上可以用随机过程来描述这类干扰，因此，内部噪声又可称为随机噪声。

2．信道内的干扰

在蜂窝移动通信系统中，应考虑的主要干扰有同信道干扰、相邻信道干扰及互调干扰等，这些都是在组网过程中产生的干扰。此外，还要考虑发射机寄生辐射，接收机寄生灵敏度，接收机阻塞，收、发信设备内部变频，倍频器产生的组合频率干扰等，这些都是电台本身产生的干扰。

(1) 同信道干扰。同信道干扰即同道干扰，亦称同频干扰，是指相同载频电台之间的干扰。在电台密集的地方，若频率管理或系统设计不当，就会造成同频干扰。

在蜂窝移动通信系统中，为了提高频率利用率，在相隔一定距离，可以使用相同的频率，这称为同信道复用。也就是说，可以将相同的频率(或频率组)分配给彼此相隔一定距离的两个或多个无线小区使用。显然，在同频环境中，当有两条或多条同频波道同时进行通信时，带来的问题就是同道干扰。复用距离越远，同道干扰就越小，但频率复用次数也随之降低，即频率利用率降低。因此，在进行无线区群的频率分配时，两者要兼顾考虑。

为了避免同频干扰和保证接收质量，使用相同工作频道的各基站之间必须选择适当的距离，它们之间的最小安全距离称为同频道再用距离或共道再用距离。所谓“安全”是指接收机输入端的信号电平与同频干扰电平之比大于等于射频防护比。

射频防护比是指达到主观上限定的接收质量所需的射频信号与干扰信号的比值。当然，射频防护比不仅取决于通信距离，而且与调制方式、电波传播特性、通信可靠度、无线小区半径、选用的工作方式等因素有关。

采用其他办法也可以避免产生同频干扰，如使用定向天线、降低天线高度、斜置天线波束、选择适当的天线场址等。

(2) 相邻信道干扰。相邻信道干扰是指相邻的或邻近频道之间的干扰，因此，移动通信系统的信道必须有一定宽度的频率间隔。目前，移动通信系统的调频信号的频谱很宽，理论上有无穷边频分量，因此，当其中某些边频分量落入邻道接收机的通带内时，就会造成邻道干扰。

多信道工作的移动通信系统中，如果用户 A 占用了 K 信道，用户 B 占用了 K+1 或 K−1 信道，那么，就称这两个用户在相邻信道上工作。理论上说，它们之间不存在干扰问题，但是，当某移动台距基站较近(如用户 B)而另一个移动台距基站较远(如用户 A)时，就会使 K 信道接收到的有用信号较弱，K+1 信道接收到的信号却很强。这是由于用户 B 离基站较近，当用户 B 的发射机存在调制边带扩展和边带噪声辐射时，就会有部分 K+1 信道的成分落入 K 信道，并且与有用信号强度相差不多，这时就会对 K 信道接收机形成干扰，这种现象称为相邻信道干扰。

一般来说，产生干扰的移动台距基站越近，路径传播损耗越小，则邻道干扰也就越严重。相反，基站发射机对移动台接收机的邻道干扰却不大，这是因为信道滤波器的存在使移动台接收到的有用信号功率远远大于邻道干扰功率，以至于在基站的收、发信机之间，因收、发双工频距足够大，使发射机的调制边带扩展和边带噪声辐射不致对接收机产生严重干扰。在移动台相互靠近时，同样由于收、发双工频距很大，不会产生严重干扰。

为了减小邻道干扰，必须提高接收机的频率稳定度和准确度，同时还要求发射机的瞬时频偏不超过最大允许值(如 5 kHz)。为了保证调制后的信号频偏不超过该值，必须对调制信号的幅度加以限制。

(3) 互调干扰。互调干扰是由传输信道中的非线性电路产生的，指两个或多个信号作用在通信设备的非线性器件上，产生同有用信号频率相近的组合频率，从而对通信系统构成干扰的现象。

移动通信中，产生的互调干扰主要有三种：发射机互调、接收机互调及外部效应引起的互调。

移动通信中可能产生多种互调分量。对于一般移动通信系统而言，三阶互调的影响是主要的，其中又以两信号三阶互调的影响最大。多台发射机同时工作时，三阶互调产物的数量将增多。

减小发射机互调的措施有：

① 加大发射机天线之间的间距。

② 采用单向隔离器件。考虑到经济上、技术上或场地上存在的问题，在移动通信中广泛使用天线共用器，即几台发射机或收、发信机共用一副天线。这种情况下，为了减小各发射机之间的互调干扰，在各发射机之间多采用单向隔离器件，如单向环行器、3 dB 定向耦合器等。

当基站附近有两个或多个移动台发射机同时工作时，会在基站接收机中产生互调干扰。互调干扰总电平的大小，既取决于干扰信号的强度和数量，也取决于接收机的互调抗拒比。如果互调产物不是一个，则需将各互调产物按功率叠加。互调干扰的大小除了和基站接收机的互调指标及干扰信号强度有关之外，还与移动台在基站附近同时发起呼叫的概率有关，当同时发起呼叫概率不大时，这类干扰往往是不严重的。需要指出的是，当基站接收机使用共用天线时，在天线共用器中，公共放大器产生的互调产物将严重影响接收机系统的互调指标。为减小这种影响，通常要求公共放大器的互调指标高于接收机的互调指标。

为了减少接收机互调干扰，可以采取以下措施：

① 采用提高输入回路选择性或者高放、混频电路采用平方律特性器件的方法，来提高接收机的射频互调抗拒比，一般要求射频互调抗拒比高于 70 dB。

② 移动台发射机采用自动功率控制系统，从而减小无线小区半径，降低最大接收电平。

③ 在系统设计时，选用无三阶互调信道组。无三阶互调信道组即不等频距信道组，任意两信道频率差值均不相等。

外部效应是由于高频滤波器及天线馈线等接插件的接触不良，或天线及天线螺栓等金属构件的锈蚀产生的非线性作用而出现的互调现象。这种现象只要保证插接部位接触良好，并用良好的涂料防止金属构件锈蚀，便可以避免。

四、移动通信的小区制组网

根据服务区域覆盖方式的不同和基站的配置不同，可将移动通信网划分为大区制移动通信网和小区制移动通信网。

大区制移动通信网是指在一个服务区域(一个城市或一个地区)内只设置一个基站，由它负责整个区域内移动通信的联络和控制。通常基站天线架设得比较高，发射机的输出功率较大，频率利用率低，系统容量小。

小区制移动通信网是指将整个服务区划分为若干个无线小区(小块的区域)，每个小区分别设置一个基站。用许多的小功率发射机(小覆盖区域)来代替单个大功率发射机(大覆盖区域)。由于多个基站重复使用信道资源，因此频率利用率高，系统容量大。

➢ 任务评价

无线网络规划勘察任务评价单

姓名：	自 评 (10%)	班 组 (30%)	教师评分 (60%)
勘察技能(满分 40 分)			
分析能力(满分 30 分)			
态度(满分 30 分)			
小计			
总分(满分 100 分)			

任务 1 附注

评价标准及依据

评价指标	评 价 标 准	评价依据	权重	得分
勘察技能	1. 正确使用仪表； 2. 按要求勘察	勘察过程	40%	100
分析能力	1. 规范填写勘察单； 2. 清楚准确地描述环境，给出合理结论并提出建议	勘察单	30%	
态度	1. 工作态度主动认真； 2. 小组团结协作； 3. 爱护工具、仪表； 4. 守纪、注意安全	勘察过程	30%	

任务 2　基站工程勘察

任务下达

你是某通信网络设计公司的勘察工程师，你公司承接了N市3G无线网络规划的设计工作。

在规划方案完成后，对已规划的移动通信基站进行勘察，为施工安装做准备。判断基站如何施工最方便有效，测量机房、初步构想布局、填写勘察记录单、提出施工建议并画出布局草图。

你今天的任务是勘察位于A路B号C栋的已规划站点。出发吧!

➤ 任务目标

知识目标	1. 掌握基站结构、各组成设备的功能结构和位置； 2. 掌握基站内部环境要求
技能目标	1. 能正确使用勘察仪表； 2. 能正确判断环境是否适合建站，能正确勘察分析施工环境，提出施工建议； 3. 能正确填写勘察记录单
态度目标	1. 良好的职业道德； 2. 良好的安全意识； 3. 良好的沟通能力与团结协作精神

➢ 任务情境

■ 工作安排

(1) 选择校区中较高建筑物中的一间房间及楼顶平台作为模拟的已规划的移动通信基站。

(2) 2～4 人一组，选出组长一名。

■ 携带设备

序　号	仪 表 设 备	具 体 用 途
1	GPS 定位仪	定位
2	激光测距仪	勘测距离
3	皮卷尺	勘测距离
4	地阻仪	测量接地电阻
5	万用表	测量电压
6	望远镜	环境观察，方向定位，线路勘测及距离测量
7	罗盘仪	指示方向，测量方位角，还可以测量倾向、倾角、距离、高度、坡度等
8	绘图板	勘测中绘制草图
9	绘图文具(铅笔、橡皮、小刀等)	
10	数码照相机	勘测时对现场环境的纪录
11	地图	显示勘测地区的地理信息
12	相关设计文件	备查阅

■ 完成勘察记录单中的各栏目

工程勘察记录单

基站编号		经　　度	
基站名称		纬　　度	
建筑物高度		海拔高度	
站点具体位置			
机房室内环境勘察	照明： 防水： 防火： 地板承重： 电源： 空调容量： 接地电阻：		

续表

机房空间	长　　　　宽　　　　高
基站状态	□新站　□共用站(状态：　　　　　)
馈线窗建议位置	
自然环境情况	(风力、雨水、雷电、温度、湿度等)
室外避雷地网接地电阻	
室外电磁环境	
施工建议 (简要描述，详情另写备忘录)	
线缆测量	
室内布置草图	

参与人员：　　　　　　　　　　　　日期：

任务提醒：

(1) 上下楼顶平台注意安全。

(2) 楼顶平台作业远离楼边缘，禁止打闹。

(3) 爱护仪表设备。

➤ 任务案例

基站机房布局示例图如图 2-1～图 2-3 所示。

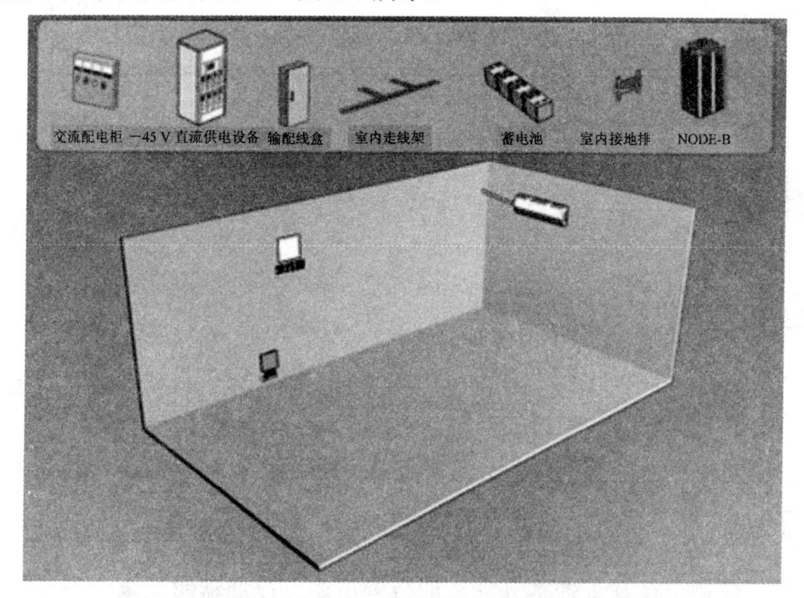

图 2-1　基站机房布局示例 1

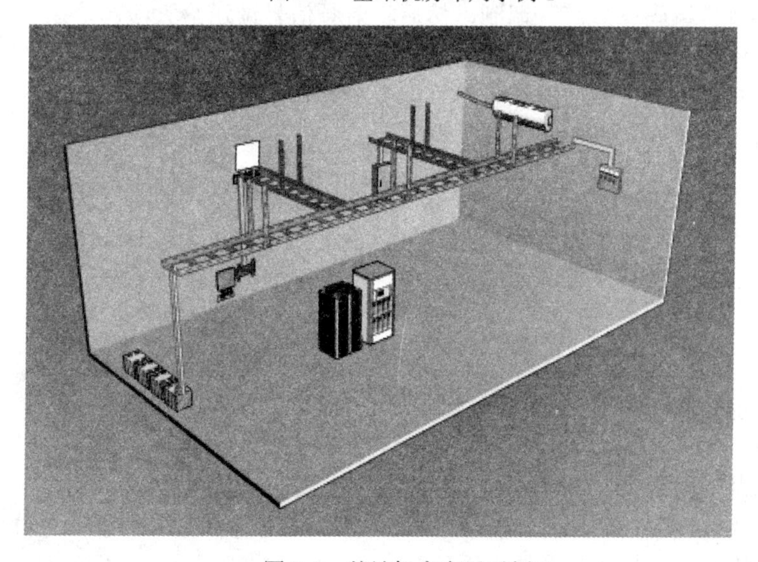

图 2-2　基站机房布局示例 2

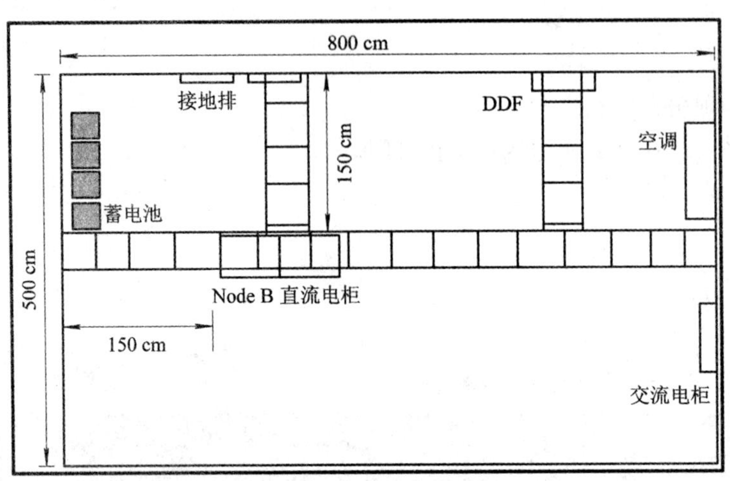

图 2-3　基站机房布局示例 3

➢ 任务向导

一、基站作用

基站收发信台(简称基站)，在 3G 网络中称为 Node B，在 2G 网络中称为 BTS。

基站主要负责无线传输，它属于系统的无线部分。基站是网络中固定部分与无线部分之间的中继，移动用户通过空中接口与基站连接。基站可以被看做一个复杂的无线调制解调器。

基站具有如下基本功能：

(1) 具有系统规定的基本业务功能，即位置更新、移动被叫和移动主叫功能；

(2) 能够进行编码、加密、调制，然后将射频信号馈送给天线；

(3) 可以将信号解密、均衡，然后解调；

(4) 可以进行上行链路信道测量；

(5) 支持协议中规定的各种业务；

(6) 支持切换、异步切换、伪同步切换、预同步切换；

(7) 具有信令、数据加密功能；

(8) 支持功率控制；

(9) 具备分集接收功能；

(10) 支持跳频等。

二、基站结构

1．基站逻辑结构

以 BTS 为例，基站主要由基带、载频、天馈以及基站接口、时钟、操作维护等部分组成。基站的逻辑结构方框图如图 2-4 所示。

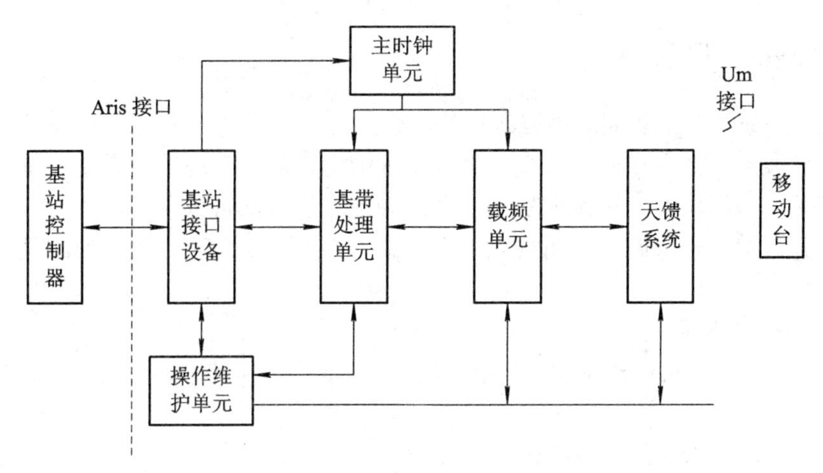

图 2-4　BTS 系统的结构方框图

基站系统通常采用模块化结构，即将处理一个载频的所有电路(包括基带处理、RF 部分、功放和电源等)集成在一个插入式模块内，从而简化了系统配置，便于安装维护和扩容，也便于引入新的硬件技术。

基站软件功能模块划分如图 2-5 所示。各部分程序以不同的硬件结构为基础，运行在不同的功能单板上。

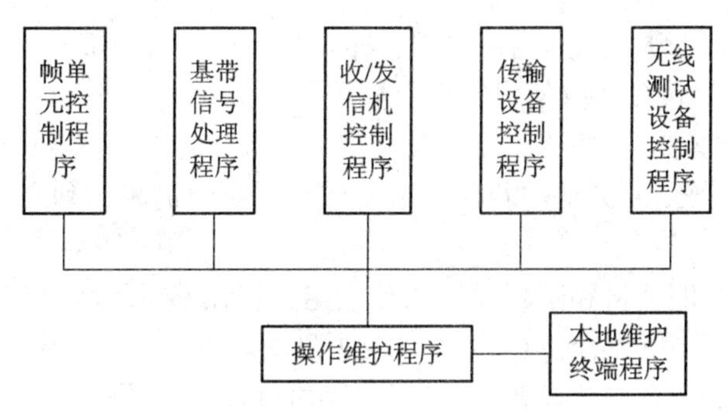

图 2-5　基站软件功能模块图

2．机械结构

基站机柜的机械结构小巧紧凑，如图 2-6 所示。

图 2-6　基站机柜

三、基站机房勘察

工程设计的成败在于初期的协调和准备工作。

协调工作涉及设计方与业主对机房设置要求的沟通，与管理部门或建筑单位的沟通，以及与各相关厂商的协调。协调成功后，需绘制现场图解，再依图解做分析、设计及施工项目规划，并且编写机房施工说明与施工配置图，图纸确认后再进行其他相关项目的设计和估算。

1. 基站机房勘察原则

基站机房指放置 Node B(或 BTS)的场所，机房的位置和其中各项设施是否齐全必须在勘查时予以确认。

机房勘查需注意以下的一些问题。

(1) 机房应避免设置于地下室或潮湿地点，禁止设置在设备进出口过小、搬运不便之地。放置地应保留或设计足够大型设备出入的通道。同时，也应为将来若干年内设备扩充预留相应空间(如增加电力系统、空调设备等)。

(2) 机房应避开电磁场、电力噪声、腐蚀性气体或易燃物、湿气、灰尘等其他有害环境。

(3) 应注意机房楼面的承受力问题，比较重的设备，需往建筑物外围或以柱子与大楼桁梁为中心放置，以免楼板面承受力不足。

(4) 机房严禁靠近水源，墙壁内部水源管路严禁经过机房顶部及底部，如有大楼消防管路通过，需修改或封闭管路，或使用独立型消防系统。

(5) 机房内部不宜受阳光直接照射，以免产生不必要的热能，增加电力负载。空调设备需采用下吹式恒温恒湿空调机组。若使用水冷式空调机组需采用独立管路，不得与大楼水塔连接。

(6) 根据事前取得的资料和工程设计图等确定机房在站点的具体位置(楼层及高度)；在勘测中确定机房与天线设立位置的方位关系及距离的远近。

(7) 勘察时往往还没有安装设备，首先要对房间和楼梯的位置、距离、楼道的宽度、层高、房间内原有的门窗等进行测量，以确定是否要进行改造来适应设备搬入的要求。

(8) 对房间的大小、高度进行测量(房间高度至少为 2700 mm)。由于 Node B 的放置对主设备和前侧的墙壁的距离(750 mm)、与侧面的墙壁(500 mm)和与后侧的墙壁的距离(100 mm)均有一定的要求，这样便于进行操作维护及考虑空气流通，所以对房间的测量要验证这些数据是否满足安装的要求。

(9) 确认房间的地面是否要铺设地板，有没有防静电的措施，确认 Node B 放置的地方是否需要新的铺垫物。

(10) 确定商用交流电的位置，确认 RECT 的位置和容量；测量电源电缆的走线距离(从 RECT 到 Node B)。

(11) 确认密封蓄电池组的位置和容量。

(12) 根据事先取得的资料确定走线架的位置和走向；测量电缆走线架的端墙连接距离机房地板的高度，走线架的长度、宽度；测量电缆走线架距离主设备顶端的垂直距离。

(13) 确认接地排(EATHER BAR)的位置，测量地线的走线距离。

(14) 确认配线架(IDF/DDF)的方位，测量其离地高度和走线架的垂直距离及走线距离。

(15) 确认机房是否需要新开馈线洞，以及馈线洞的规格、方位；测量馈线洞的高度、尺寸和大小。

(16) 确定空调的数量和安装位置；确认照明情况，保证应有足够的电力供应。

(17) 机柜摆放应留足开门空间，方便维护。

(18) 如吊装走线架，则其吊装高度应不低于 2.5 m，地面支撑则不低于 2.2 m。

2．电力系统配置

为保证主设备的电源供给工程实施的顺利进行，在基站勘查中要确认以下事宜。

(1) 确认是否有公用交流电的入口及位置。

(2) 确定交流配电箱的位置和容量。确认是否有已存在的交流配电箱及其具体方位，如有可用的配电箱，确认其容量大小。

(3) 是否需要直流开关电源及具体的方位，这是计算电源电缆的长度所必须的。

(4) 确认电源电缆的走线路径，确认是否需要室内电缆走线架。

(5) 确认电源电缆的长度。

(6) 在安装前需获取公用交流电。

(7) 观察或预估室内走线架的安装位置，测量室内走线架的长度、高度、宽度，以及与主设备的方位关系，确认距离主设备的高度落差，从墙壁电源到走线架的高度等。

(8) 根据得到的测量数据计算电源电缆的长度。

(9) 按要求的规格购买电源电缆并进行切割以备工程使用。

3．机房接地系统勘察

电路中的某一点或某一金属壳体用导线与大地连在一起，形成电气通路。

电气通路的目的是让电流易于流到大地，因此，电阻越小越好。

(1) 基站机房接地分为天馈线接地、主设备接地和其他设备接地。将天馈线自铁塔/抱杆引至室外电缆走线架上，入机房前，至少应 3 点(馈线引下点、中间点、入机房前一点)接地。

(2) 确定楼顶避雷带和建筑地体组的位置，选择合适的接地点。

(3) 确认馈线接地件(EARTHER KIT)的数量及安装位置。

(4) 确认机房内(EARTHER BAR)的位置和 Node B 的方位关系，测量所需地线的长度。

(5) 室外接线排(EARTHER BAR)的安装位置，室外接线排的长度、型号。

(6) 确认以下几项接地：交流引入电缆、交流配电箱、电源架接地、传输设备和其他设备。

四、铁塔和屋舍位置关系

根据事先取得的资料和设计图纸，结合现场勘测需确认以下的事项。

(1) 根据天线安装设计图，结合站点周边的环境和屋舍的高度、无线环境情况综合考虑是否需要铁塔。

(2) 如站点已经存有铁塔，则考虑其能否继续利用。需明确铁塔的物主及原来的用途，委托客户来对使用权进行交涉协商。

(3) 根据取得的图纸和勘测时拍摄的照片，以及测量数据得到屋舍的全图，确定铁塔在站点的什么位置，以及铁塔与机房的方位、距离关系。

(4) 根据铁塔和机房的具体方位，结合站点的实际情况确定馈线的走线路径。

(5) 确认是否需要新的馈线架，如果需要，根据馈线的走线路径来确定馈线架的尺寸、长度等问题。

(6) 确定塔顶放大器、天线在铁塔上的安装位置。

(7) 馈线自铁塔/抱杆引至室外电缆走线架，入机房前，确认至少应 3 点(馈线引下点、中间点、入机房前一点)接地。

(8) 确认是否需要馈线穿墙板以及穿墙板的规格(两孔、四孔或六孔)、孔径的大小等；确认天线馈线和馈线架的固定问题，以及所需工具和材料。

五、天线设立位置需确认的问题

(1) 安装天线的高度。

(2) 安装天线的用途。

(3) 安装天线的铁塔或抱杆等的强度。

(4) 是否有空间对指定方向的天线进行安装。

(5) 是否有天线接续场所。

(6) 事先准备时，在不明确天线安装位置的情况下，应向客户、业主确认或取得设计图等资料。这些信息是在工程准备阶段取得的，但主要还要依据实际测得的数据来确定。

(7) 天线安装时如有意外的情况发生(如某些地点不允许安装天线)，应向客户、业主进行说明或委托研讨。

(8) 确认在天线辐射的方向无障碍物。如发现可能由于障碍物而引起信号故障，应向客户提出变更天线位置及高度的要求，或要求更改设立基站机房的地点。

(9) 确认已安装的天线无干扰问题。如果预计或已有天线有干扰问题，并且干扰问题无法避免，则应要求更改设立基站机房的地点。

(10) 如天线位置需变更，必须在事前对天线将设立于何处，能否解决问题等进行详细调查。

六、基站机房设备平面设计

基站机房设备一般有 BTS 架、传输架、数字配线箱(架)、电源架、蓄电池组、自启动空调、动力环境监控箱和交/直流配电箱等。

平面布置设计时，BTS 架应尽量靠近馈线洞，以减少馈线损耗；传输架应尽量靠近 BTS 架，以便电缆连接；交流配电箱、动力环境监控箱应安装在走线架下方的墙上，安装位置以连线不交叉且最短为佳，其高度应符合人体工程学设计，通常距室内地面高 1.5 m，以利于工作人员维护。

机架可根据实际情况排成一列或多列安装在机房中部，列架正面与墙之间的通道为主走道，一般要求宽度大于或等于 1.2 m；侧面及背面与墙的最小距离为 0.8 m，以便于维护。根据机房的实际情况，机架也可以靠墙安装。

走线架安装在设备列架上方，与机面对齐，目前，设备机架高度一般为 2 m～2.2 m，因此走线架通常的安装高度以距地 2.5 m 左右为宜。当机房净高不够时，安装高度可视具体情况而定，但走线架上方距屋顶、走线架下方距机架顶必须各留出 200 mm 的操作空间。

➢ 任务资讯

一、基站组网方式

广义的基站，是基站子系统的简称。以全球通网络为例，基站包括基站收发信台和基站控制器。一个基站控制器可以控制十几个以至几十个基站收发信台。而在 WCDMA、TD-SCDMA 等系统中，类似的概念称为 Node B 和 RNC。

狭义的基站，是指收发信台(Node B)，在一定的无线电覆盖区中，基站可与手机之间进行信息传递。基站由基站主设备、天馈系统、传输设备、电源设备、监测设备等部分构成。基站在 2G 网络中被称为 BTS，在 3G 网络中被称为 Node B。

基站组网方式灵活，内置多种传输方式，可以支持 E1、SDH、PON 等多种传输和组网方式，可实现多种连接方式。

1．E1 组网

BTS 的各种 E1 组网连接方式如图 2-7 所示，其中每条单线表示一条双向的 E1 接口。

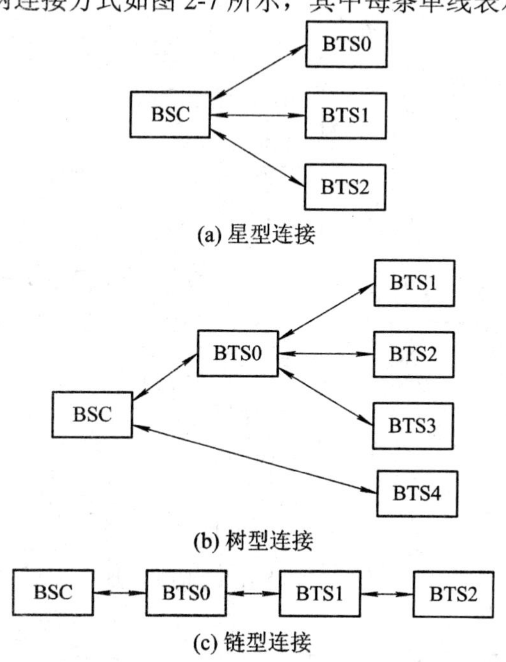

图 2-7　E1 组网支持的基站连接方式

(1) 星型连接。适用于一般的应用场合，每个站点都有 E1 链路直接和 BSC 相连，这种方式组网简单，维护和工程施工和扩容都很方便。星型连接信号经过的环节少，线路可靠性较高，城市人口稠密的地区一般采用这种组网方法。这种组网方式的缺点是传输链路的需要量最大。

(2) 树型连接。网络结构比较复杂，信号经过的环节多，线路可靠性相对较低，工程施工难度较大，维护相对困难，上级站点的故障可能会影响下级站点的正常运行。树型连接方式适用于面积较大，但用户密度较低的地域。扩容不方便，可能会引起对网络的较大改造，传输链路的消耗量远小于星型连接。树型组网对串联的级数有限制，一般要求串联不要超过 5 级，即树的深度不要超过 5 层。

(3) 链型连接。信号经过的环节较多，线路可靠性较差。链型连接方式适用于呈带状分布，用户密度较小的特殊地区，如高速公路沿线、铁路沿线等。在这些地方，采用链型组网方式可以很好地满足用户要求，大量节省传输设备，串联的节点数不要超过 5 个。

在实际的工程应用中，往往是以上各种组网方式的综合使用。合理地应用各种组网方式，可以在提供合格的服务质量的同时，节省大量的传输设备投资。

2．SDH 组网

SDH 可组成环型、链型的拓扑网络结构。

根据网络路由的分布情况可确定网络采用链型还是环型结构。由于环型网具有良好的自愈能力，一般情况下，只要路由允许，应尽可能组建环型网。对铁路、公路沿线，常采用链型网，但即使是在这种场合，只要各站的距离不远(一般 3 个站之间的最大距离不大于 80 km)，而线路光纤足够(四根光纤)时，也建议将其建成环型网。

(1) 环型拓扑网络结构。环型网有较强的自愈能力，如果某处的光纤损坏，环型网可以自愈成一个链型网，业务不受到任何影响。SDH 环型结构组网的基站连接方式如图 2-8 所示。

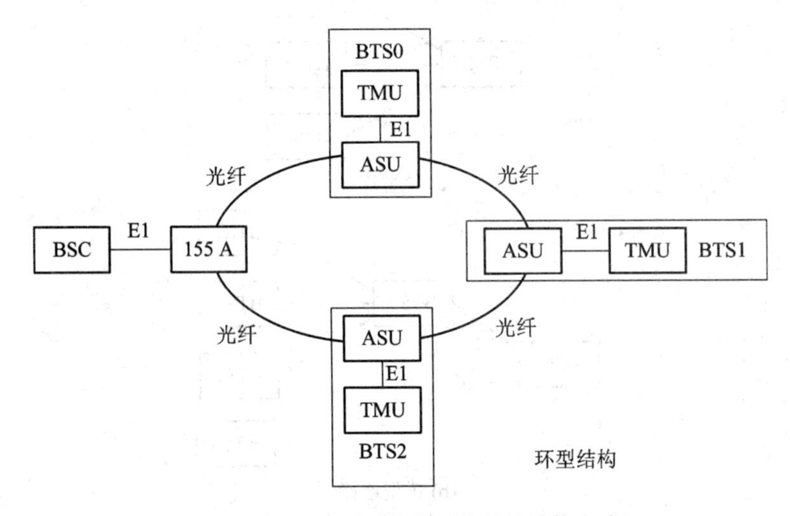

图 2-8　SDH 环型结构组网的基站连接方式

(2) 链型拓扑网络结构。

SDH 链型结构组网的基站连接方式如图 2-9 所示。

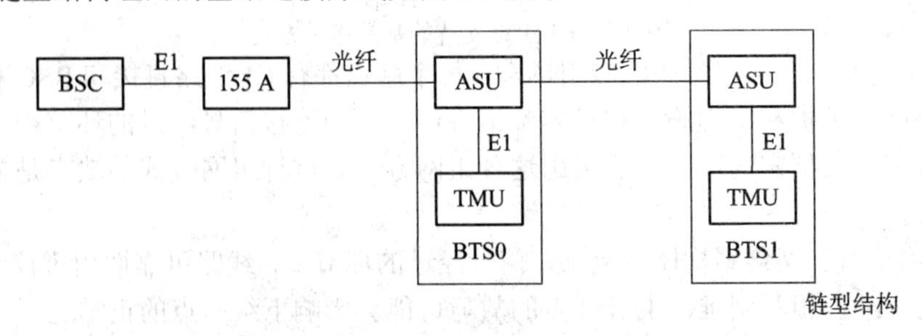

图 2-9　SDH 链型结构组网的基站连接方式

3. PON 组网

PON 可组成星型、树型、总线型等多种网络拓扑结构。PON16 系统采用无源光分路技术，网络可以进行多级无源分支，无源光分支点 SP 可以随网络拓扑结构随意放置，满足复杂网络结构要求。

由于无源光网络的网络结构中没有有源电子设备，因此具有较高的网络可靠性、对业务透明、易于升级以及运行维护费用低等特点，适用于分散的住宅区和乡村等地区。

(1) 星型拓扑网络结构。图 2-10 所示为星型组网方式，无源光分支点 SP 可根据需要决定放置的位置，最大传输距离与 SP 处光分支比有关。

星型组网方式因无源光分支点 SP 级数最少(只有 1 级)，使得光路损耗最小，传输距离最长。

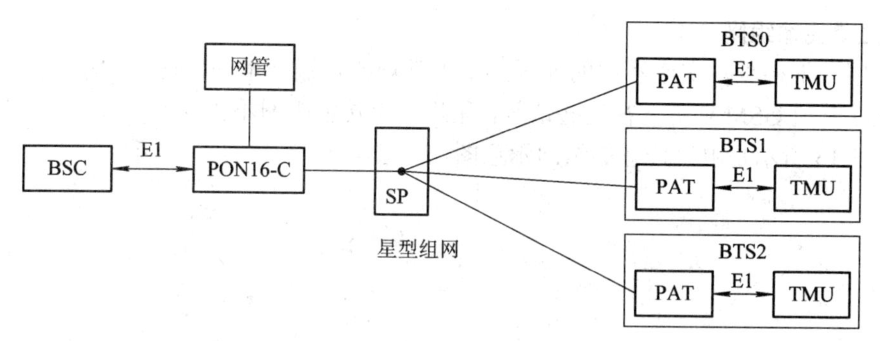

图 2-10　PON 星型结构组网的基站连接方式

(2) 树型拓扑网络结构。图 2-11 所示为树型组网方式，该方式可看做是多个星型拓扑的组合，适用于用户分布较复杂的应用场合。与星型结构相比较，树型拓扑结构多了几级无源光分支点 SP，系统组网更方便灵活，网络覆盖面也更大。

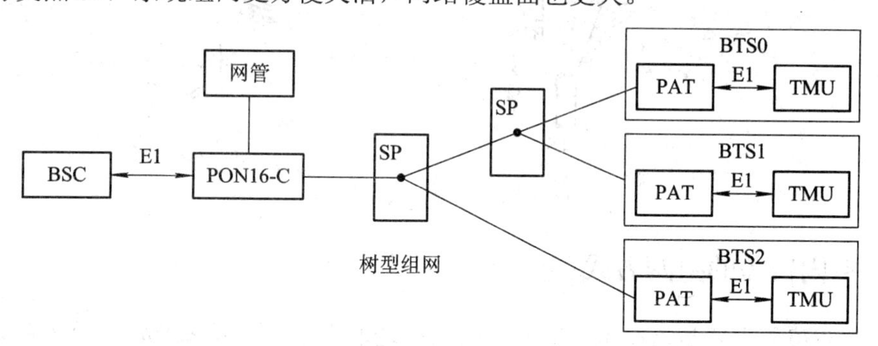

图 2-11　PON 树型结构组网的基站连接方式

采用此种组网方式时，各树梢末端 PAT 的最大传输距离与该处位置连接光纤的分支级数，以及各级分支处的光分支比有关，级数越大，光分支比越多，传输距离就越短。因此，在具体网络拓扑设计时，需根据实际具体网元分布情况进行光功率预算。

(3) 总线型拓扑网络结构。图 2-12 所示为总线型组网方式，该方式看做是若干个二叉树级连，适用于公路沿线、铁路沿线、江河沿线等狭长地域。

在具体组网运用时，为使光功率得到最充分的利用，系统传输距离最远，最好根据实际网元分布位置及距离远近，进行光功率预算，根据预算结果在其无源光分支点 SP 处使用非均匀分型光分路耦合器。

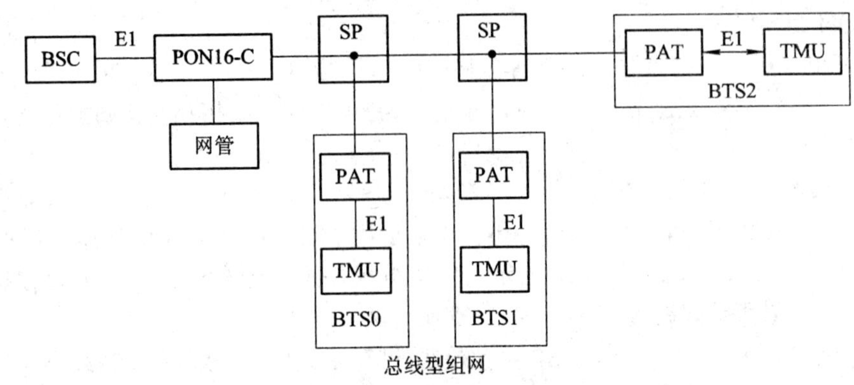

图 2-12　PON 总线型结构组网的基站连接方式

4．卫星传输组网

在一些人烟稀少、交通不便的地区，由于常规的传输技术和普通基站难以满足要求，而一直无法开通 GSM 业务。在这些地区，采用卫星传输组网不失为一种经济、高效的解决方案。图 2-13 所示是卫星传输的组网示意图。

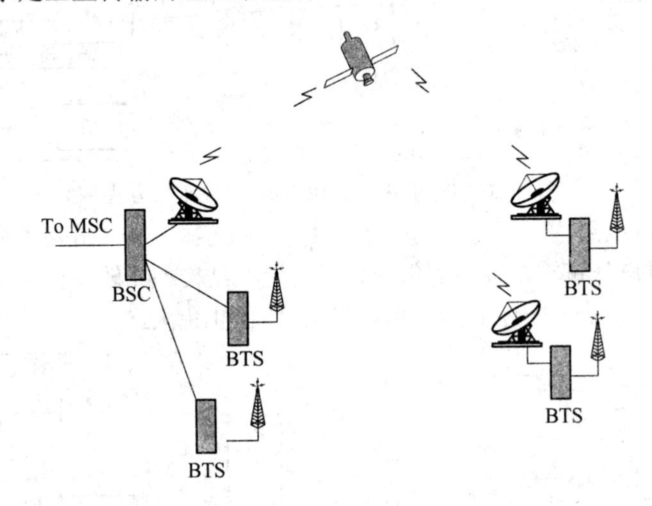

图 2-13　卫星组网示意图

二、室内覆盖的组网方式

室内分布覆盖主要是指在室外宏基站无法穿透的楼宇内，通过分布式天线系统实现室内覆盖。

室内分布系统的目的是使信源信号均匀地分布在建筑物内部的每个角落，以彻底解决室内信号覆盖问题。室内覆盖系统的建设，可以较为全面地改善建筑物内的通话质量，提高移动电话接通率，并开辟出高质量的室内移动通信区域。同时，室内覆盖可以分担室外宏蜂窝话务，扩大网络容量，从整体上提高移动网络的服务水平。

需要室内覆盖的区域包括：

(1) 在大型建筑物的低层、地下商场、地下停车场等环境下，由于移动通信信号弱，手机无法正常使用，形成了移动通信的盲区和阴影区。

(2) 在中间楼层，由于来自周围不同基站的信号重叠，产生乒乓效应，手机信号频繁切换，甚至掉话，严重影响了手机的正常使用。

(3) 在建筑物的高层，由于受到基站天线的高度限制，信号无法正常覆盖，也是移动通信的盲区。

(4) 在有些建筑物内，虽然手机能够正常通话，但是由于用户密度大，基站信道拥挤，手机上线困难。

室内分布覆盖产品包括信源及用于信号放大、信号分配的有源和无源器件以及天馈设备。

根据信号传输介质的不同，室内分布系统可以分为无线分布系统和光纤分布系统。

根据使用器件的不同，无线分布系统又可分为无源和有源两种分布系统。

无线分布系统中，信号源通过馈线和功率分配器件将信号传输到各个室内发射天线进行覆盖，可根据信号衰减的程度增加干线放大器。除信号源外全由无源器件组成，未进行功率放大的无线分布系统为无源分布系统；使用了干线放大器等有源器件，在信号的传输中进行了信号放大的无线分布系统为有源分布系统。

1．无源无线分布系统

(1) 无源无线分布系统构成。该系统除信号源外主要由耦合器、功率分配器、合路器等无源器件和电缆、天线组成，如图 2-14 所示。

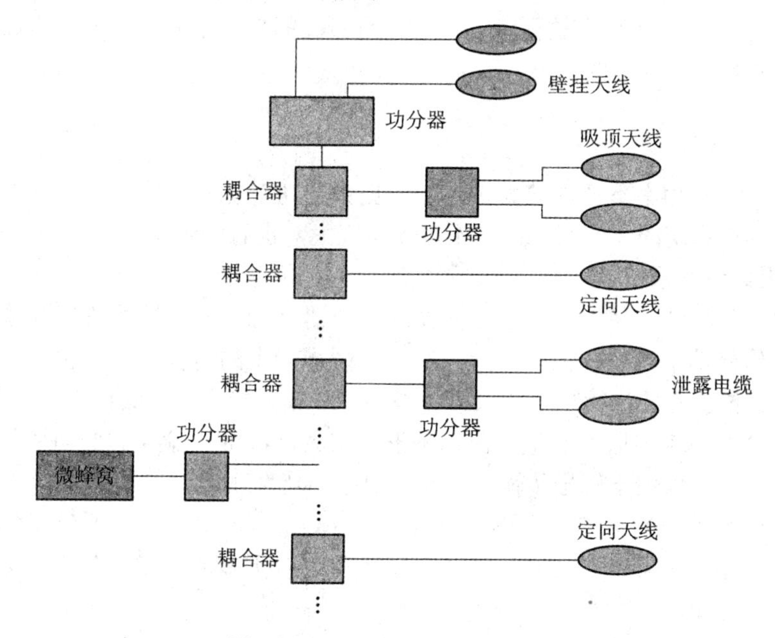

图 2-14 无源无线分布系统构成

① 耦合器：是一种非等功率分配的功率分配器件，常见的有 5 dB、6 dB、10 dB、15 dB、20 dB、30 dB、40 dB 等多种耦合比的耦合器供选择。

② 功率分配器：简称功分器，是等功率分配器件，常见的有 2 功分、3 功分、4 功分等。

③ 合路器：有同频带合路器和双频带合路器两种。同频带合路器能将两个或两个以上的同频段信号合成一路信号输出；多频带合路器能将多个频段的多个发射和接收信号合路于同一根馈线、双频天线或宽频泄露同轴电缆。

④ 衰减器：用于衰减多余的信号强度，一般用于对输入信号强度有限制的室内型直放站、有源信号分布系统和室内光纤信号分布系统。

⑤ 负载：用于吸收无源器件上未使用端口的信号功率。

⑥ 普通电缆：用于连接系统中的不同功能构件，通常选用同轴电缆。

⑦ 泄露电缆：在同轴电缆上分装多路天线演变出来的连续天线，兼有普通电缆和天线的作用。

⑧ 天线：室内分布系统中采用的天线常见的有全向天线和定向天线两种，与室外基站使用的天线相比，室内天线一般具有增益低、体积小、易安装的特点。

(2) 无源无线分布系统的工作方式。无源无线分布系统主要是以最合适的方式提取信号源，通过耦合器、功分器等无源器件进行分路。信号经由馈线尽可能均匀地分配到每一副分散安装在建筑物各个区域的低功率天线上，从而实现室内信号的均匀分布，解决室内信号覆盖的问题。

无源无线分布系统也可以提取信源，通过耦合器、功分器等无源器件分路后，送入泄露电缆中，在信号传输过程中，将信号均匀地分布在所经过的区域。这种方式主要适用于地铁及隧道等狭长且有弯道的通道型室内区域。

(3) 无源无线分布系统具有以下特点：

① 故障率低：由于系统主要由一系列无源器件组成，几乎不存在器件的故障。

② 系统容量大：由于所有的无源器件均具有较高的功率容限，很容易组成大容量的室内分布系统，扩容也十分方便。

③ 信号分配十分灵活。

④ 投资少。

由于系统中信号功率不经过放大，信号源提供的功率有限，同时考虑到上行信号的传播，无源室内分布系统的有效服务范围不可能无限大，也有一定的限制。

2．有源无线分布系统

由于无线分布系统中使用了功率分配器、耦合器、合路器和馈线进行射频信号的分配与传输，它对信号功率衰减较大，因此，在服务区域较大的情况下，为保证末端天线口的功率，在必要的位置需要进行功率放大，可加装干线放大器或使用其他有源器件增加功率。

有源无线分布系统中增加的常见器件是干线放大器，可将输入的低功率信号放大后进行输出，主要用于补偿由于信号传输和分配而引起的功率衰耗。

有源无线分布系统的工作方式与无源电分布方式基本一致，但在系统中的不同位置增加了有源器件，增加和补偿了射频信号的功率，可连接更多的天线，传送更远的距离，进一步扩大了服务区域。

由于加入干线放大器会引起噪声，多级干线放大器级联会形成噪声的累积，影响系统质量，在设计中一般不采用串联干线放大器的方式。所以，采用干线放大器补偿功率的损耗是有限的，系统可达到的覆盖范围仍然受功率和上行信号损耗的限制。

相比于无源无线分布系统，有源无线分布系统的服务范围大，但由于有源器件工作没有无源器件稳定，要维护的点较多，系统维护工作量大，稳定性差，故系统成本较高。同时，由于干线放大器一般都是带选放大的，在引入其他频段的信号源时须在干线放大器等节点增加支路分别放大，系统兼容性差。

3．光纤分布系统

由于无线分布系统始终受到功率和上行信号损耗的限制，其服务区域有限，在服务的区域间隔距离远、需要覆盖的区域面积大的情况下，采用光纤室内分布系统较为有利。

光纤室内分布系统在系统中引入光电转换器和光纤，信号先由电光转换器转换成光信号在光纤中传输到覆盖端，再通过光电转换器转换成电信号，经过放大后送进天线。光纤的传输损耗小，布线比同轴电缆方便，适合于远距离信号传输，适用于大型建筑物室内覆盖，但其成本较高。

在实际的应用中，为节省成本，一般以无线分布系统为主，在需要进行信号延伸时引入光纤系统组成混合室内分布系统，以扩大和延长系统的服务范围。

4．室内覆盖系统勘察要求

(1) 勘察工具。

① 必备工具：测试手机、GPS、皮卷尺、两只不同颜色的笔、图纸及资料等。

② 可选工具：测试仪器。

(2) 勘察内容。

① 室内覆盖站的详细地址、经纬度。

② 室内覆盖站的大楼类型、楼层分布情况，客梯货梯数量；如果有大楼图纸，核对图纸是否准确，如果没有图纸，则需要绘制草图。

③ 室内覆盖站的人口分布情况，对大楼移动用户数量进行估计，并勘察人员流动情况。

④ 室内覆盖站周围基站的分布情况及距离远近。

⑤ 室内覆盖站的每个楼层的详细功能，吊顶是否可以上人。

⑥ 确定室内覆盖站信号源的引入方案以及配置。

⑦ 确定需要覆盖的楼层，设计每个楼层的分布式天线分布情况。

⑧ 确定GPS天线安装位置，GPS安装位置需处于避雷针保护范围内。

⑨ 确定新选机房位置范围(电梯机房、弱电井、楼梯间)以便协调机房。

⑩ 对于需与2G系统进行合路的站点，需确保有3G设备的安装位置。

另外，进行机房勘察前，无线人员需通知传输专业人士一起查勘，并根据《室内覆盖站点承重判断标准》判定是否需要承重核实。

(3) 照片要求。

① 覆盖目标全景图1张。

② 设备安装位置照片(每个信源均需拍照)，对于需与2G系统进行合路的站点需有2G信源设备的照片(每个信源均需拍照)，另外3G设备(BBU\RRU)安装位置照片各一张，如果需要，增加配套设备的位置的照片；

③ GPS安装位置照片1张，GPS收星照片1张，避雷针位置照片1张。

④ 机房照片4张(分别于机房的4个角落拍摄机房全景，如无机房使用弱电井的情况需提供弱电井照片1张)。

⑤ 对于共宏站机房的站点需另拍摄开关电源整体及所有端子照片各1张、交流箱(屏)整体及所有端子照片各1张、蓄电池照片1张、接地排照片1张、馈线窗照片1张、传输设备照片1张、走线架照片至少1张。

➢ 任务评价

基站工程勘察任务评价单

姓名：	自 评 (10%)	班 组 (30%)	教师评分 (60%)
勘察技能(满分 40 分)			
分析能力(满分 30 分)			
态度(满分 30 分)			
小计			
总分(满分 100 分)			

任务 2 附注

评价标准及依据

评价指标	评 价 标 准	评价依据	权重	得分
勘察技能	1．正确使用工具仪表； 2．按要求勘察	勘察过程	40%	100
分析能力	1．规范填写勘察单； 2．给出合理的施工建议； 3．布局草图是否合理	勘察单	30%	
态度	1．工作态度主动认真； 2．小组团结协作； 3．爱护工具、仪表； 4．守纪、注意安全	勘察过程	30%	

任务3　基站位置图绘制

任务下达

你是某通信网络设计公司图纸设计部门的工程技术人员，你接到了基站勘察工程师送来的勘察结果，现在需要你将手绘的设计草图用计算机辅助制图软件 AutoCAD 绘制成标准、精确的基站位置图，为之后的基站施工建设提供保证。

你今天的任务是根据勘察结果，绘制一幅基站位置图。开始吧！

➢ 任务目标

知识目标	1．了解室外基站走线图的用途； 2．熟悉图纸中的图形符号、文字符号及其含义
技能目标	1．会使用 AutoCAD 软件； 2．能绘制基站位置图，正确标明多个基站地理位置； 3．会绘制基站、光缆、公路线、图框、指北针等局部设备及走线，会标注文字
态度目标	1．良好的职业道德； 2．认真严谨的工作态度； 3．良好的沟通能力与团结协作精神

➤ 任务情境

■ 工作安排

图 3-1 所示是一幅基站位置与连接线路工程图，使用计算机辅助制图软件 AutoCAD 绘制。在绘制过程中，学会读懂图纸，识别符号的含义。要求一人一机，独立完成。

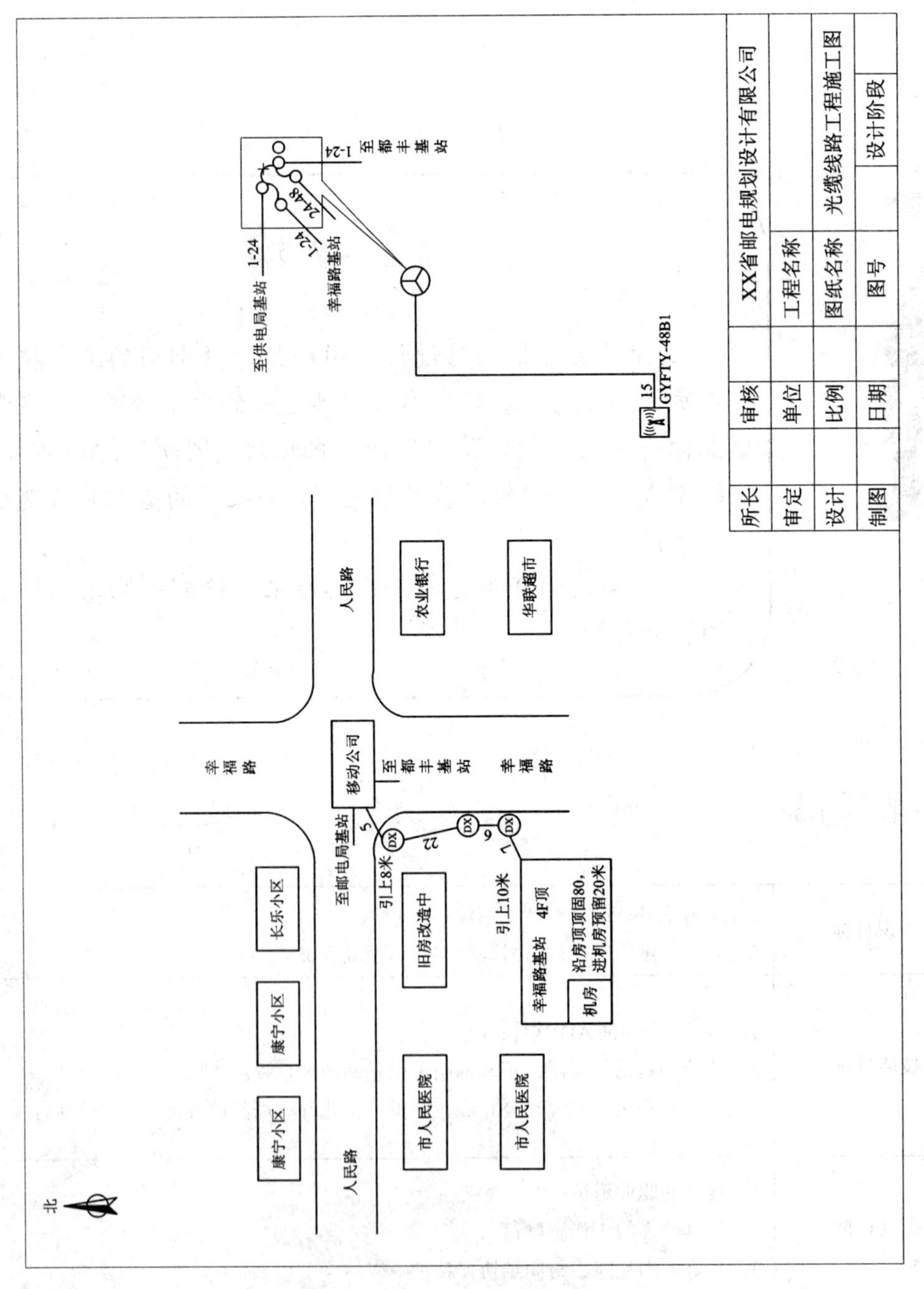

图 3-1　基站位置与连接线路工程图

任务提醒：

(1) 绘图过程中应随时存盘。

(2) 注意图中细节的绘制。

➢ 任务向导

一、通信工程制图的基本知识

1. 概述

通信工程图纸是在对施工现场仔细勘察并认真搜索资料的基础上，通过图形符号、文字符号、文字说明及标注来表达具体工程性质的一种图纸。它是通信工程设计的重要组成部分，是指导施工的主要依据。通信工程图纸中包含了诸如路由信息、设备配置安放情况、技术数据、主要说明等内容。

通信工程制图就是将图形符号、文字符号按不同专业的要求画在同一个平面上，使工程施工技术人员通过阅读图纸就能够了解工程规模、工程内容，统计出工程量及编制工程概预算。绘制准确的通信工程图，对通信工程施工具有正确的指导性意义。因此，通信工程技术人员必须掌握通信制图的方法。

为了使通信工程的图纸做到规格统一、画法一致、图面清晰，使其符合施工、存档和生产维护要求，有利于提高设计效率、保证设计质量和适应通信工程建设的需要，依据相应国家及行业标准编制通信工程制图与图形符号标准，具体有：

GB/T 4728.1～13《电气通用图形符号》、GB/T 6988.1～7《电气制图》、GB/T 50104—2001《建筑制图标准》、GB/T 7929—1995《1:500 1:1000 1:2000 地形图图式》、GB 715—1987《电气技术中的文字符号制订通则》、GB 7356—1987《电气系统说明书用简图的编制》和 YD/T 5015—1995《电气工程制图与图形符号》。

2. 通信工程制图的总体要求

通信工程制图的总体要求如下：

(1) 根据表达对象的性质、论述的目的与内容，选取适宜的图纸及表达手段，以便完整地表述主题内容。当几种手段均可达到目的时，应采用最简单的方式，例如：描述系统，框图和电路图均能表达时，则应选择框图；当单线表示法和多线表示法同时能明确表达时，宜使用单线表示法；当多种画法均可达到表达的目的时，图纸宜简不宜繁。

(2) 图面应布局合理、排列均匀、轮廓清晰、便于识别。

(3) 应选取合适的图线宽度，避免图中的线条过粗或过细。标准通信工程制图图形符号的线条除有意加粗者外，一般都是粗细统一的，同一张图上要尽量统一。但是，不同大小的图纸(例如 A1 纸和 A4 纸)有所不同，为了视图方便，大图的线条可以相对粗些。

(4) 正确使用国标和行标规定的图形符号。派生新的符号时，应符合国标图形符号的派生规律，并应在适合的地方加以说明。

(5) 在保证图面布局紧凑和使用方便的前提下，应选择适合的图纸幅面，使原图大小适中。

(6) 应准确地按规定标注各种必要的技术数据和注释，并按规定进行书写和打印。

(7) 工程设计图纸应按规定设置图衔，并按规定的责任范围签字。各种图纸应按规定顺序编号。

(8) 总平面图、机房平面布置图、移动通信基站天线位置及馈线走向图应设置指北针。

(9) 对于线路工程，设计图纸应按照从左向右的顺序制图，并设置指北针；线路图纸分段按"起点至终点，分歧点至终点"的原则划分。

3. 通信工程制图的统一规定

(1) 图幅尺寸。工程设计图纸幅面和图框大小应符合国家标准 GB 6988.2《电气制图一般规则》的规定，一般采用 A0、A1、A2、A3、A4 及其加长的图纸幅面。图纸的幅面和图框尺寸应符合表 3-1 的规定，格式应符合图 3-2 的规定。

表 3-1　幅面与图框尺寸　　mm

幅面代号	A0	A1	A2	A3	A4
图框尺寸($B \times L$)	841 × 1189	594 × 841	420 × 594	297 × 420	210 × 297
侧边框距 c	10			5	
装订侧边框距 a	25				

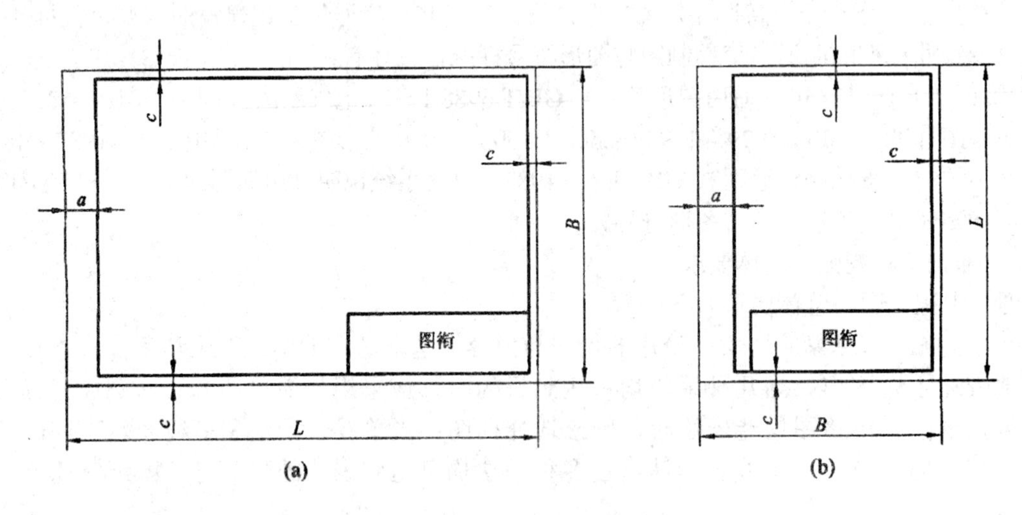

图 3-2　幅面与图框格式

当上述幅面不能满足要求时，可按照 GB 4457.1《机械制图图纸幅面及格式》的规定加大幅面，也可在不影响整体视图效果的情况下分割成若干张图绘制。

绘制时应根据表述对象的规模大小、复杂程度、所要表达的详细程度、有无图衔及注释的数量来选择较小的合适幅面。

(2) 图线型式及其应用。工程设计图纸中图线分类及用途应符合表 3-2 的规定。

表 3-2　图线分类及用途

图线名称	图线型式	一般用途
实线	————————	基本线条：图纸主要内容用线，可见轮廓线
虚线	- - - - - - - -	辅助线条：屏蔽线、机械连接线、不可见轮廓线、计划扩展内容用线
点画线	—— - —— - ——	图框线：表示分界线、结构图框线、功能图框线、分级图框线
双点画线	——-—-——-—-	辅助图框线：表示更多的功能组合或从某种图框中区分不属于它的功能部件

图线的宽度一般为 0.25，0.3，0.35，0.5，0.6，0.7，1.0，1.2，1.4 等(单位均为 mm)。绘图时通常只选用两种宽度的图线，粗线的宽度为细线宽度的两倍，主要图线粗些，次要图线细些。对复杂的图纸也可采用粗、中、细三种线宽，线的宽度按 2 的倍数依次递增，但线宽种类也不宜过多。使用图线绘图时，应使图形的比例和配线协调恰当、重点突出、主次分明，在同一张图纸上，按不同比例绘制的图样及同类图形的图线粗细应保持一致。细实线是最常用的线条，在以细实线为主的图纸上，粗实线主要用于表示主回路线、图纸的图框及需要突出的设备、线路、电路等，指引线、尺寸线、标注线应使用细实线。当需要区分新安装的设备时，粗线表示新建，细线表示原有设施，虚线表示规划预留部分。在改建的电信工程图纸上，需要表示拆除的设备及线路用“×”来标注。

平行线之间的最小间距不宜小于粗线宽度的 2 倍，且不能小于 0.7 mm。在使用线型及线宽表示图形用途有困难时，可用不同颜色区分。

(3) 图纸比例。对于绘制建筑平面图、平面布置图、管道线路图、设备加固图及零部件加工图等的图纸，一般有比例要求；对于绘制系统框图、电路组织图、方案示意图等的图纸则无比例要求，但此类图纸应按工作顺序、线路走向及信息流向排列。

对平面布置图、线路图和区域规划性质的图纸，推荐的比例为 1∶10，1∶20，1∶50，1∶100，1∶200，1∶500，1∶1000，1∶2000，1∶5000，1∶10 000 及 1∶50 000 等，各专业应按照相关规范要求选用适合的比例。

对设备加固图及零部件加工图等图纸推荐的比例为 1∶2、1∶4 等。

对于通信线路及管道类的图纸，为了更方便地表达周围环境情况，可采用沿线路方向按一种比例，而周围环境的横向距离采用另外一种比例或基本按示意性绘制的方法。

绘图时，应根据图纸表达的内容深度和选用的图幅，选择适合的比例，并在图纸上及图衔相应栏目处注明。

(4) 尺寸标注。一个完整的尺寸标注应由尺寸数字、尺寸单位、尺寸界线、尺寸线及其终端等组成。

尺寸数字一般应注写在尺寸线的上方或左侧，也允许注写在尺寸线的中断处，但同一张图样上的注法应尽量保持一致。尺寸数字应顺着尺寸线方向书写并符合视图方向，数值的高度方向应和尺寸线垂直，并不得被任何图线通过；当无法避免时，应将图线断开，在断开处填写数字。在不致引起误解的前提下，对非水平方向的尺寸，其数字可水平地注写在尺寸线的中断处。标注角度时，角度数字应注写成水平方向，一般应注写在尺寸线的中断处。

图中的尺寸单位，除标高和管线长度以米(m)为单位外，其他尺寸均以毫米(mm)为单位。按这种原则标注的尺寸可不加单位的文字符号，若采用其他单位时，应在尺寸数值后加注计量单位的文字符号，尺寸单位应在图衔相应栏目中填写。

尺寸界线用细实线绘制，由图形的轮廓线、轴线或对称中心线引出，也可利用轮廓线、轴线或对称中心线作为尺寸界线。尺寸界线一般应与尺寸线垂直。

尺寸线的终端，可以采用箭头或斜线两种形式，但同一张图中只能采用一种尺寸线终端形式，不得混用。

采用箭头形式时，终端两端应画出尺寸箭头并指到尺寸界线上，表示尺寸的起止。尺寸箭头宜采用实心箭头，箭头的大小应按可见轮廓线选定，其大小在图中应保持一致。

采用斜线形式时，尺寸线与尺寸界线必须互相垂直。斜线用细实线，且方向及长短应保持一致。斜线方向应以尺寸线为准，以逆时针方向旋转 45°，斜线长短约等于尺寸数字的高度。

(5) 字体及写法。图中书写的文字(包括汉字、字母、数字、代号等)均应字体工整、笔画清晰、排列整齐、间隔均匀，其书写位置应根据图面妥善安排，文字多时宜放在图的下面或右侧。

文字内容从左向右横向书写，标点符号占一个汉字的位置。中文书写时，应采用国家正式颁布的简化汉字，字体宜采用长仿宋体。

文字的字高，应从 20、14、10、7、5、3.5(单位为 mm)系列中选用。如需要书写更大的字，其高度应按 $\sqrt{2}$ 的比值递增。图样及说明中的汉字，宜采用长仿宋字体，宽度与高度的关系应符合表 3-3 的规定。大标题、图册封面、地形图等的汉字，也可书写成其他字体，但应易于辨认。长仿宋体字字宽与字高的关系如表 3-3 所示。

表 3-3　长仿宋体字体字宽与字高的关系　　mm

字高	20	14	10	7	5	3.5
字宽	14	10	7	5	3.5	2.5

图样中的“技术要求”、“说明”或“注”等字样，应写在具体文字内容的左上方，并使用比文字内容大一号的字体书写。标题下均不画横线，具体内容多于一项时，应按下列顺序号排列：

1，2，3……

(1)，(2)，(3)……

①，②，③……

图样中所涉及数量的数字均应用阿拉伯数字表示，计量单位应使用国家颁布的法定计量单位。

(6) 图衔。通信工程勘察设计制图常用的图衔种类有通信工程勘察设计各专业常用图衔、机械零件设计图衔和机械装配设计图衔。对于通信管道及线路工程图纸来说，当一张图不能完整画出时，可分为多张图纸进行，这时，第一张图纸使用标准图衔，后序图纸使用简易图衔。

通信工程勘察设计常用标准图衔如图3-3(a)所示，简易图衔规格要求如图3-3(b)所示。

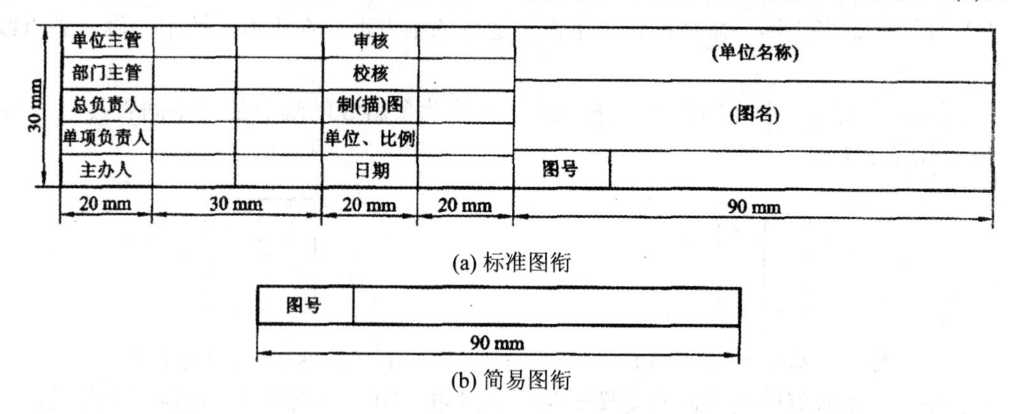

图3-3　通信工程勘察设计常用标准图衔和简易图衔的规格要求

(7) 注释、标注及技术数据。当含义不便于用图示方法表达时，可以采用注释；当图中出现多个注释或大段说明性注释时，应当把注释按顺序放在边框附近，有些注释可以放在需要说明的对象附近；当注释不在需要说明的对象附近时，应使用指引线(细实线)指向说明对象。

标注和技术数据应该标注在图形符号旁。当数据很少时，技术数据也可以放在矩形符号的方框内(如继电器的电阻值)；数据较多时，可以用分式表示，也可以用表格形式列出。

二、基站位置图的绘制示例

1．绘制基站周边主要建筑

绘制基站周边主要建筑的步骤如下：

(1) 选择"矩形"命令，在图纸的合适位置绘制一个矩形，再选择"复制"命令，将上一步的矩形向右复制两份，如图3-4所示。

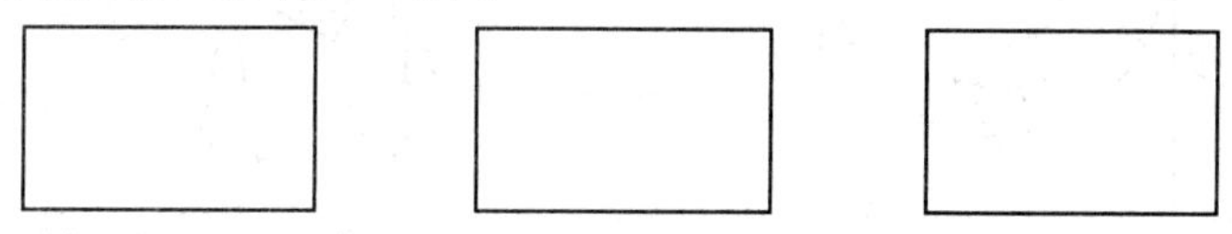

图3-4　绘制基站周边主要建筑示例1

(2) 将当前的文字字体设为"仿宋体"，利用"多行文字"命令在第一个矩形中书写文字"康宁小区"，并将文字调整为合适的高度，如图3-5所示。

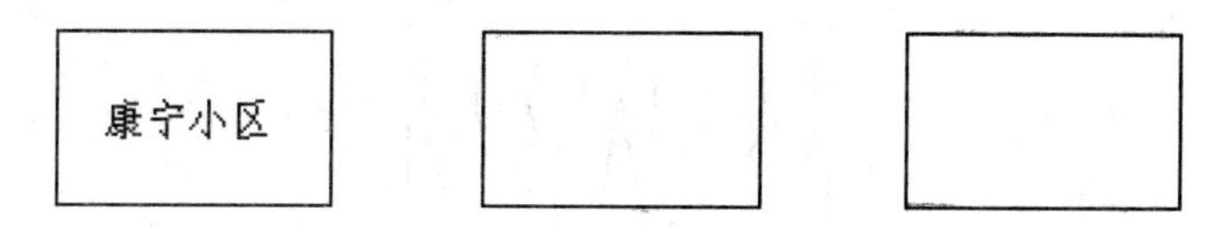

图3-5　绘制基站周边主要建筑示例2

(3) 重复上一步的操作，完成其余两个矩形中文字的书写。

(4) 同理，可绘制出其余的基站周边主要建筑。

2．基站的绘制

基站绘制的步骤如下：

(1) 使用“正多边形”命令，画一个大小适中的正方形，在正方形的中心画一条直线，如图 3-6 所示。

(2) 从直线上的一点处向左画一条斜线，再从此条斜线的端点处向中间直线画一条斜线，效果如图 3-7 所示。

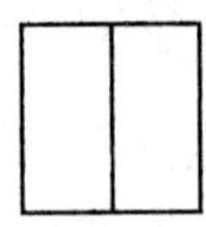

图 3-6　基站的绘制示例 1

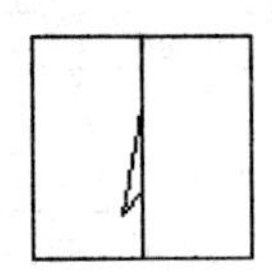

图 3-7　基站的绘制示例 2

(3) 将上一步画好的图形向右镜像一份，并且将中间的直线删去，如图 3-8 所示。

(4) 以 A 点为圆心，画 4 个同心圆，如图 3-9 所示。

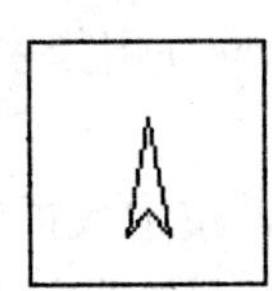

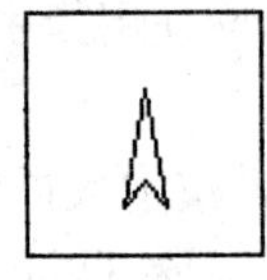

图 3-8　基站的绘制示例 3

图 3-9　基站的绘制示例 4

(5) 通过 A 点画两条完全对称的直线，如图 3-10 所示。

(6) 以上一步的两条直线为界限，修剪同心圆。效果如 3-11 所示。

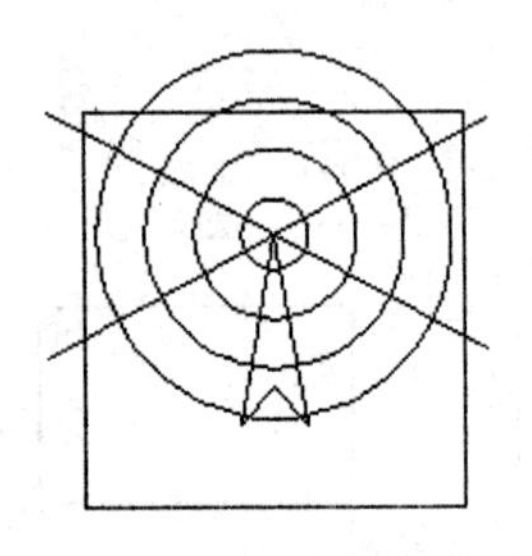

图 3-10　基站的绘制示例 5

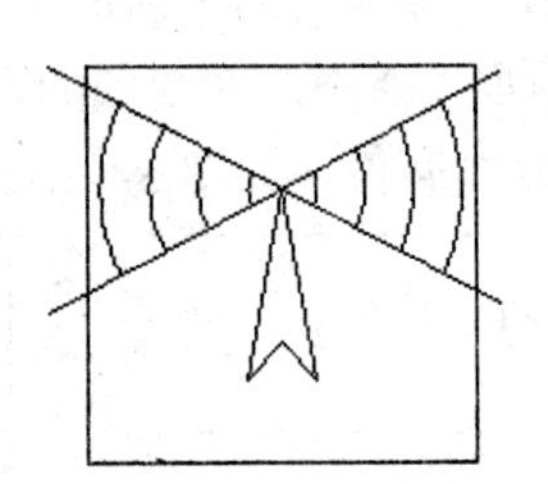

图 3-11　基站的绘制示例 6

(7) 删去两条定位线，最终效果如图 3-12 所示。

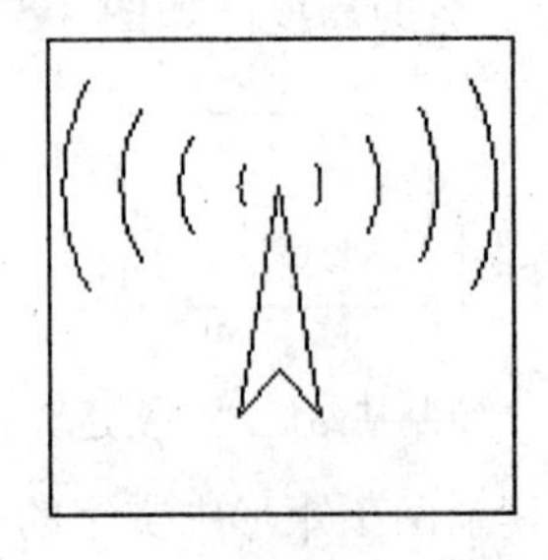

图 3-12　基站的绘制示例 7

3. 人孔的绘制

画一个适当大小的圆，并在圆中输入电信的首字母“DX”(若是移动公司的人孔，则其中字母为“YD”)，效果如图3-13所示。

图3-13　人孔的绘制

4. 光缆走线的绘制

绘制光缆走线的步骤如下：

(1) 使用“多段线”命令，从机房的一个顶点开始，绘制具有一定宽度的直线，并且将完成的人孔连起来，如图3-14所示。

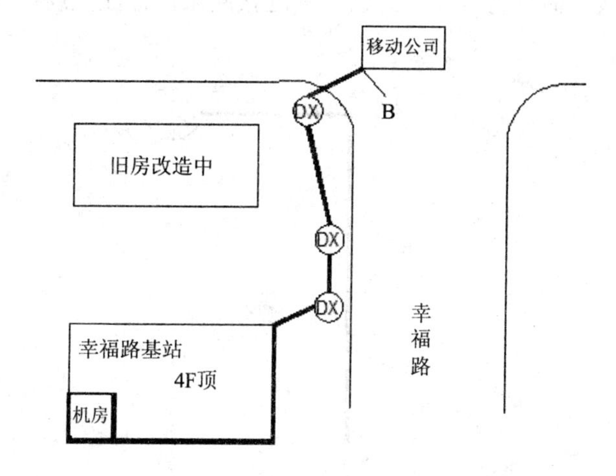

图3-14　光缆走线的绘制1

(2) 完成光缆走线的相关标注，效果如图3-15所示。

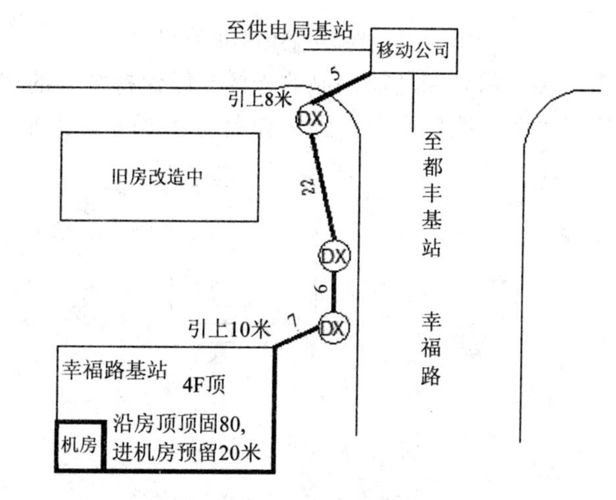

图3-15　光缆走线的绘制2

5．光缆分芯细节的绘制

绘制光缆分芯细节的步骤如下：

(1) 在图纸的空白处绘制一个圆，利用“极轴”、“对象捕捉”等二维辅助绘图命令，画三条等分这个圆的直线，如图 3-16 所示。

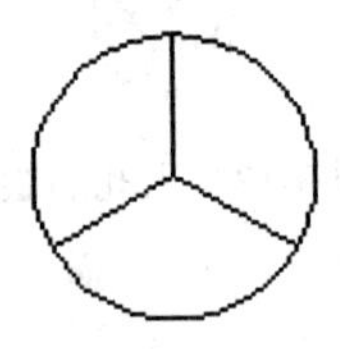

图 3-16　光缆分芯细节的绘制 1

(2) 将上一步绘制出的图形的线宽改为 0.3 mm。

(3) 使用“多段线”命令将基站与三岔人井连接起来，标注光缆型号及基站名称。效果如图 3-17 所示。

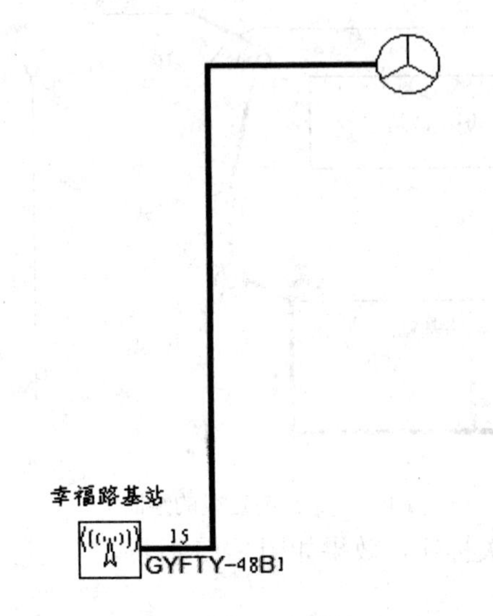

图 3-17　光缆分芯细节的绘制 2

注意：此处为光缆连接，需要和之前绘制的光缆走线保持统一的宽度。

(4) 利用“直线”或“多段线”命令，画出如图 3-18 所示的图形。

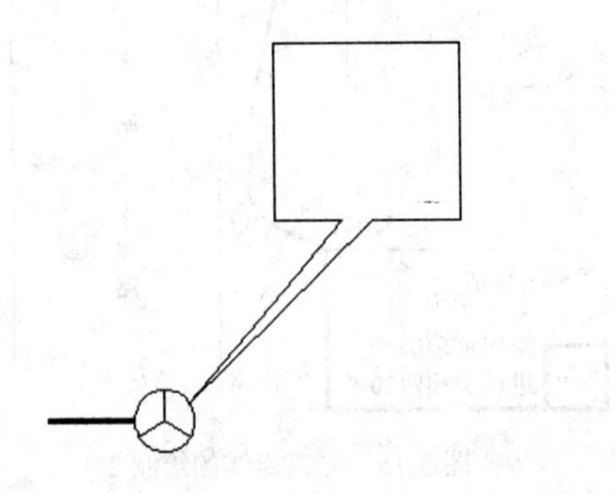

图 3-18　光缆分芯细节的绘制 3

(5) 在上一步的图形中绘制4个小圆。使用“多段线”命令，用光缆线将小孔相连，然后将左下方的两个小孔用光缆线连至图形外，如图3-19所示。

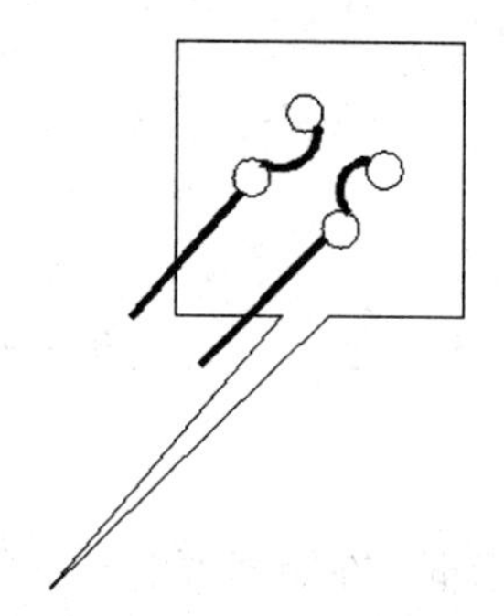

图3-19　光缆分芯细节的绘制4

(6) 标注光缆的具体走向，效果如图3-20所示。

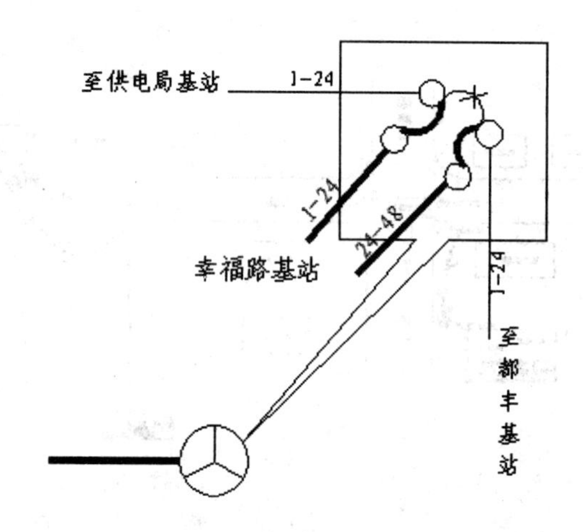

图3-20　光缆分芯细节的绘制5

6．指北针的绘制

绘制指北针的步骤如下：

(1) 利用“画圆”命令，在图纸的合适位置绘制一个大小适中的圆，从圆外的圆心正上方一点开始画一条直线，如图3-21所示。

(2) 沿着这条直线的端点分别绘制两条直线至相交，如图3-22所示。

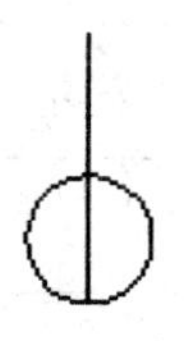

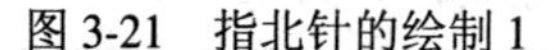

图3-21　指北针的绘制1

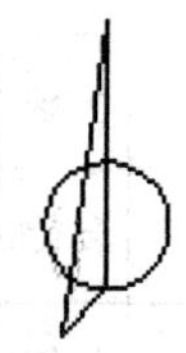

图3-22　指北针的绘制2

(3) 对上一步完成的“实心三角形”向右镜像一份，如图3-23所示。

(4) 选择“SOLID”命令对左边三角形进行图案填充，在图形的上方写上“北”字，如图3-24所示。

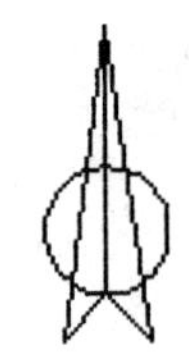

图 3-23　指北针的绘制 3

图 3-24　指北针的绘制 4

7．图衔的绘制

绘制图衔的步骤如下：

(1) 在整幅图的外围绘制一个矩形框，在矩形框的右下角绘制一条宽度为 2 的折线，框内绘制表格，如图 3-25 所示。

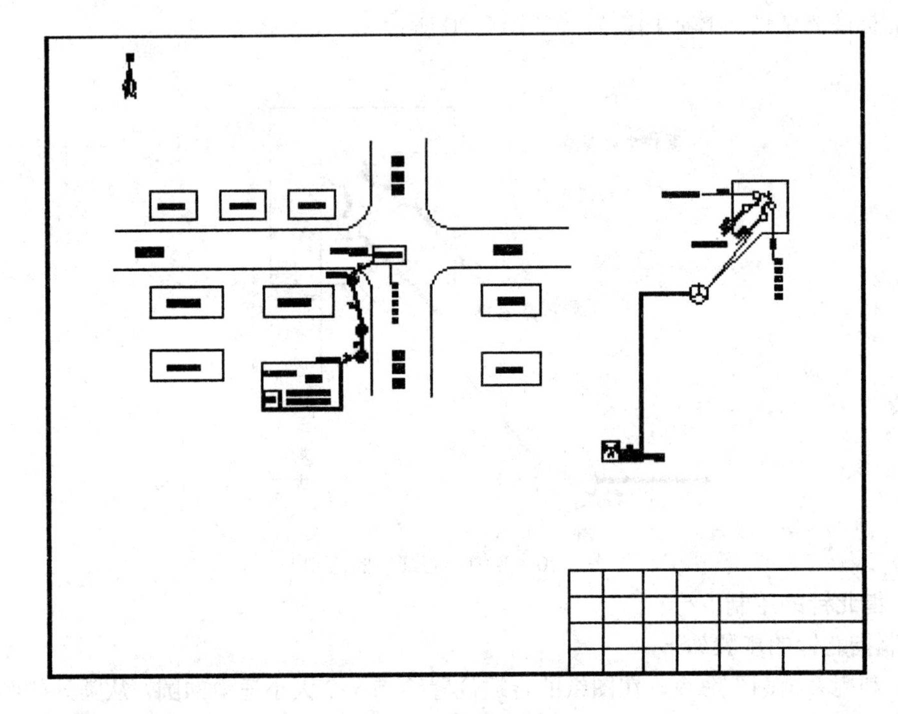

图 3-25　图衔的绘制 1

(2) 在表格内书写文字，内容如图 3-26 所示。

所长		审核		XX省邮电规划设计有限公司			
审定		单位		工程名称			
设计		比例		图纸名称	光缆线路工程施工图		
制图		日期		图号		设计阶段	

图 3-26　图衔的绘制 2

➢ 任务评价

绘制基站位置图任务评价单

姓名：	自 评 (10%)	班 组 (30%)	教师评分 (60%)
绘图技能(满分 50 分)			
识图判断能力(满分 20 分)			
态度(满分 30 分)			
小计			
总分(满分 100 分)			

任务 3 附注

评价标准及依据

评价指标	评 价 标 准	评价依据	权重	得分
绘制技能	1．能否正确使用 CAD 软件； 2．能否正确设置绘图环境； 3．能否准确绘制各种设施及走线、正确标注文字	绘制图纸的过程、完成的图纸质量	50%	100
识图判断能力	能否认识并判断其他同学绘图是否准确	同学互评表现	20%	
态度	1．绘制图纸的态度是否细致认真； 2．是否能在规定时间内完成； 3．是否和同学团结互助	绘制图纸的过程	30%	

任务 4　基站机房布局图绘制

任务下达

你是某通信网络设计公司图纸设计部门的工程技术人员，你接到了工程技术部设计出来的机房布局草图，现在需要将手绘的设计草图用计算机辅助制图软件 AutoCAD 绘制成标准、精确的基站机房布局图，为以后的基站机房施工建设提供保证。

你今天的任务是根据机房布局草图，绘制一幅基站机房图。开始吧！

➢ 任务目标

知识目标	1. 了解基站机房布局图的用途； 2. 熟悉图纸中的图形符号、文字符号及其含义； 3. 能够合理设计机房布局
技能目标	1. 能够利用图块、设计中心、工具选项板、对象特性等 CAD 高级功能绘图； 2. 能熟练使用 CAD 软件； 3. 能够绘制机架、配线架、蓄电池、空调等设备及走线； 4. 能够绘制工程量表、会在图中标注图形尺寸
态度目标	1. 良好的职业道德； 2. 认真严谨的工作态度； 3. 良好的沟通能力与团结协作精神

➢ 任务情境

■ 工作安排

根据任务 2 已经完成的机房布局草图，用计算机辅助制图软件 AutoCAD 绘制成精确完整的基站机房布局图。

■ 绘制机房布局图的要求

(1) 机房平面图中内墙的厚度规定为 240 mm；
(2) 机房平面图中必须有出入口，例如门；
(3) 必须按图纸要求尺寸将设备画进图中；
(4) 图纸中如有馈孔，勿忘将馈孔加进去；
(5) 在图中主设备上加尺寸标注(图中必须有主设备尺寸以及主设备到墙的尺寸)；
(6) 平面图中必须标有“××层机房”字样；
(7) 平面图中必须有指北针、图例、说明；
(8) 机房平面图中必须加设备配置表；
(9) 根据图纸、配置表将编号加进设备中；
(10) 要在图纸外插入标准图衔，并根据要求在图衔中加注单位比例、设计阶段、日期、图名、图号等。

注意：建筑平面图、平面布置图以及走线架图必须在单位比例中加入单位 mm。

任务提醒：

(1) 绘图过程中随时注意存盘。
(2) 注意图中细节的绘制。

➢ 任务向导

基站机房布局图如图 4-1 所示。

1．墙体的绘制

(1) 绘制一个 6700 mm × 4700 mm 的矩形，单击偏移按钮，将矩形作为对象，向外偏移 240 mm，如图 4-2 所示。

(2) 在距离内框右下角顶点往左 300 mm 处画一条直线，将直线向左偏移 1000 mm，如图 4-3 所示。

(3) 点击修剪按钮进行修剪，效果如图 4-4 所示。

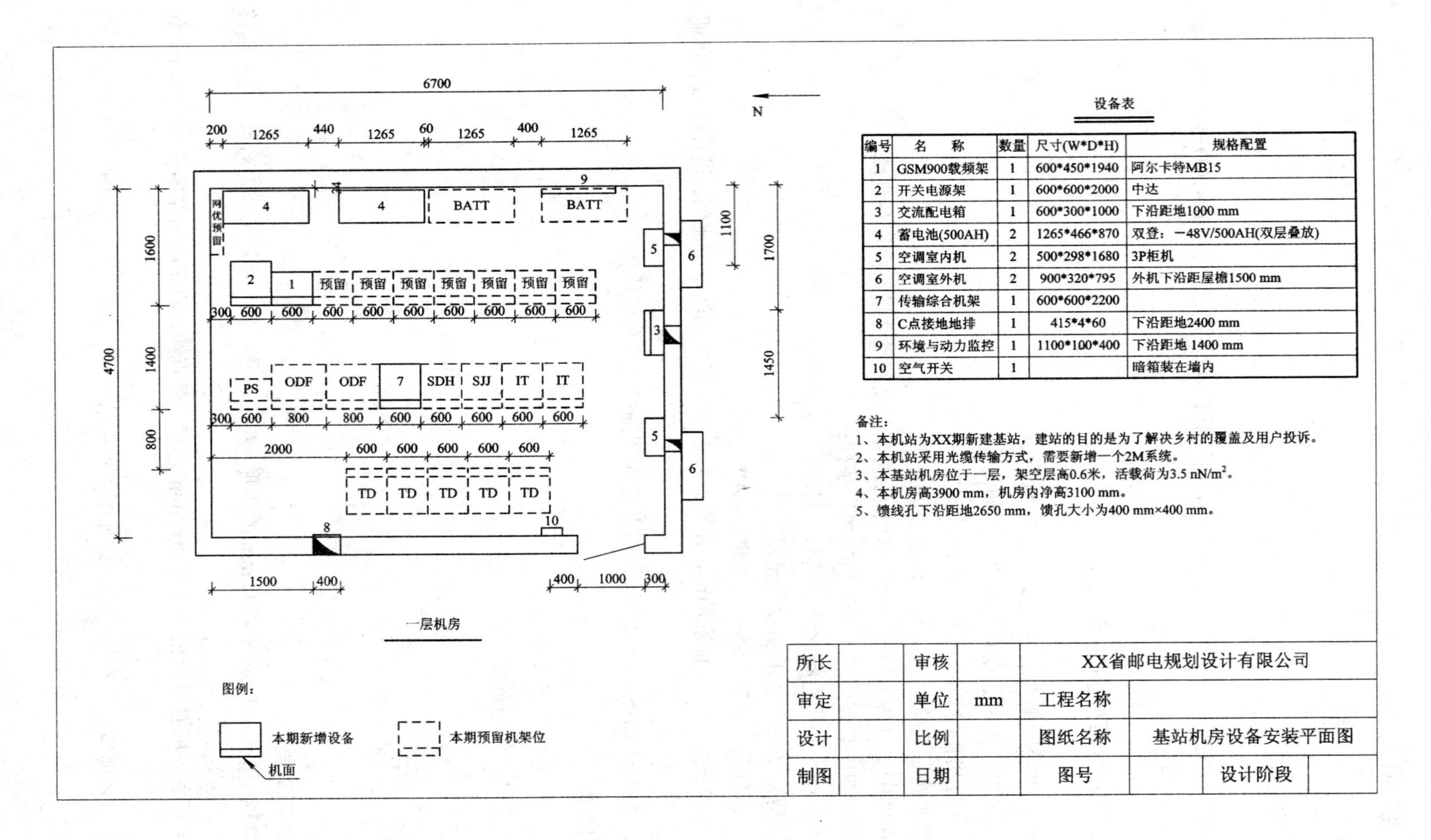

设备表

编号	名　称	数量	尺寸(W*D*H)	规格配置
1	GSM900载频架	1	600*450*1940	阿尔卡特MB15
2	开关电源架	1	600*600*2000	中达
3	交流配电箱	1	600*300*1000	下沿距地1000 mm
4	蓄电池(500AH)	2	1265*466*870	双登：−48V/500AH(双层叠放)
5	空调室内机	2	500*298*1680	3P柜机
6	空调室外机	2	900*320*795	外机下沿距屋檐1500 mm
7	传输综合机架	1	600*600*2200	
8	C点接地地排	1	415*4*60	下沿距地2400 mm
9	环境与动力监控	1	1100*100*400	下沿距地 1400 mm
10	空气开关	1		暗箱装在墙内

图 4-1　基站机房布局图

图 4-2 墙体的绘制 1

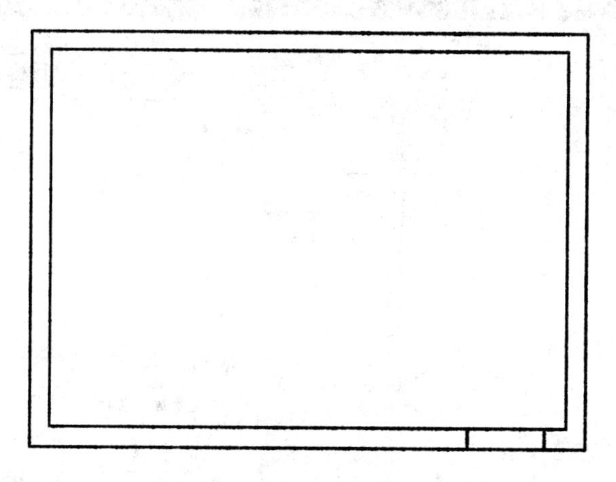

图 4-3 墙体的绘制 2

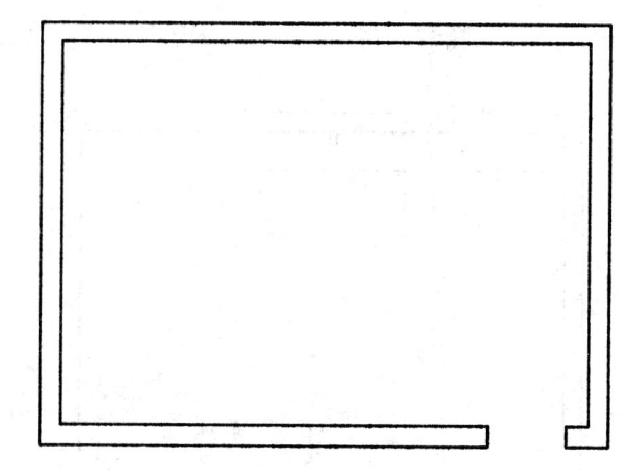

图 4-4 墙体的绘制 3

2. 蓄电池的绘制

(1) 绘制矩形，如图 4-5 所示。

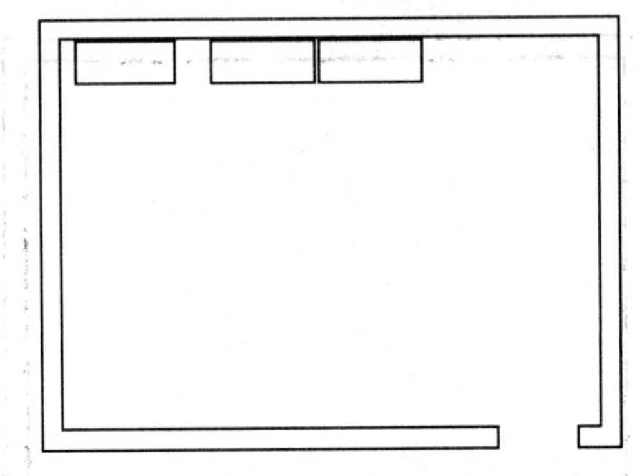

图 4-5　蓄电池的绘制

(2) 增加虚线线型“HIDDEN”，如图 4-6 所示。

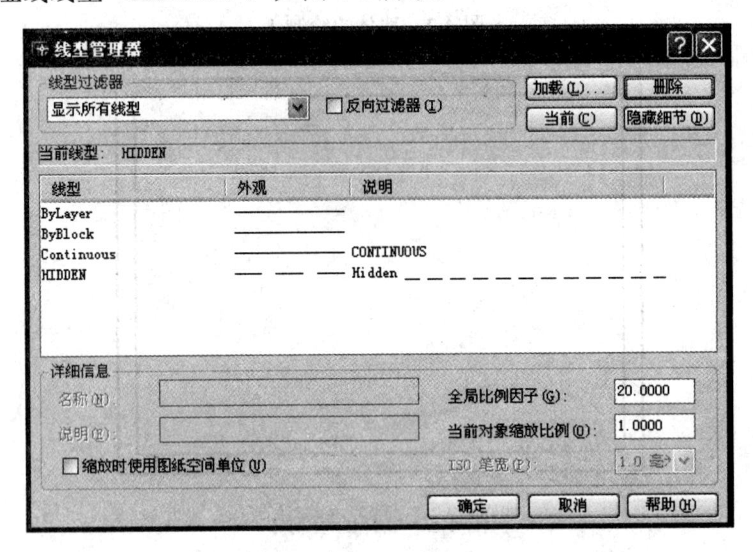

图 4-6　虚线线型的添加

(3) 选中第三个矩形，修改其特性，将线型改为“HIDDEN”，效果如图 4-7 所示。

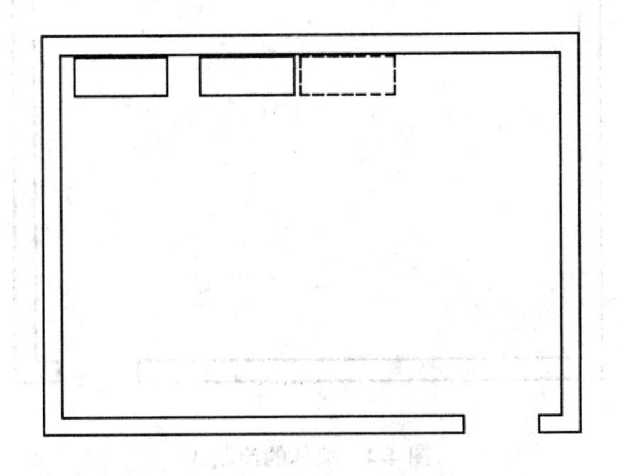

图 4-7　预留蓄电池的绘制

(4) 机架、配线架的绘制方法同上，效果如图 4-8 所示。

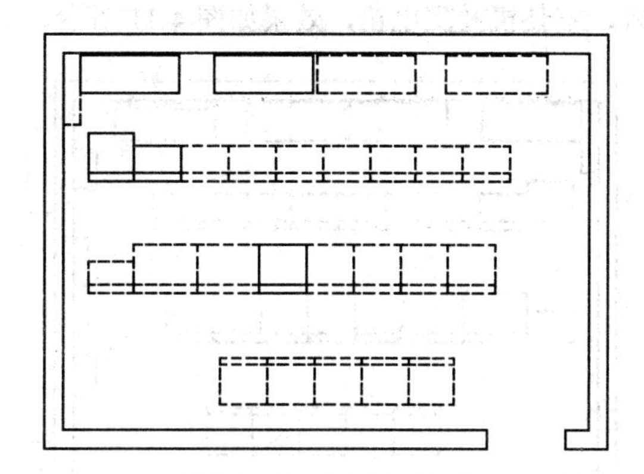

图 4-8　机架、配线架的绘制

3. 环境与动力监控的绘制

将当前线型设置为“By Layer”。在 C 点处绘制一个 1100 mm × 100 mm 的矩形，如图 4-9 所示。

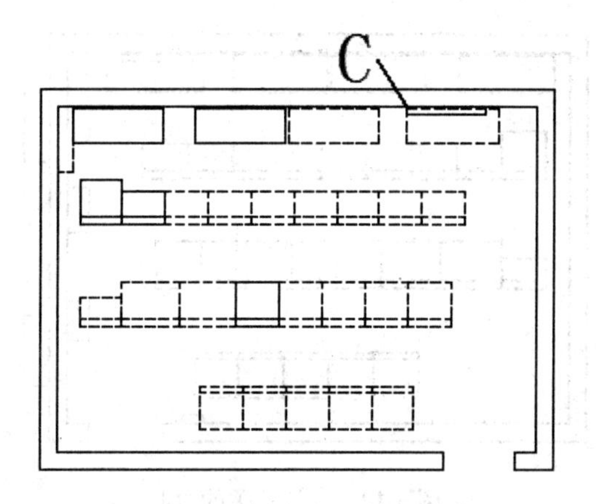

图 4-9　环境与动力监控的绘制

4. 空调室内机、室外机、配电箱的绘制

(1) 在距离 D 点垂直向下 1100 mm 处，绘制一个 298 mm × 500 mm 的矩形，如图 4-10 所示。

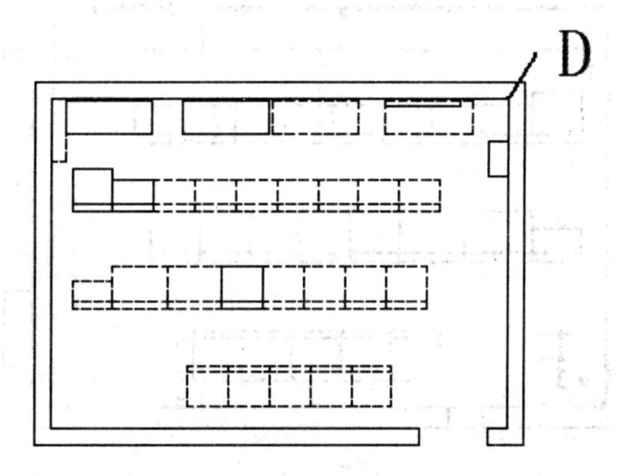

图 4-10　空调室内机、室外机、配电箱的绘制 1

(2) 绘制空调室内机、室外机及配电箱，效果如图 4-11 所示。

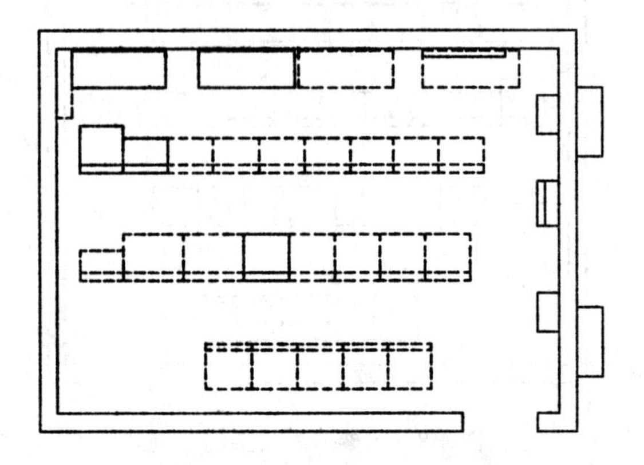

图 4-11　空调室内机、室外机、配电箱的绘制 2

(3) 空气开关的绘制方法同上。在下墙体内侧的合适位置，绘制一个 300 mm × 100 mm 的矩形，如图 4-12 所示。

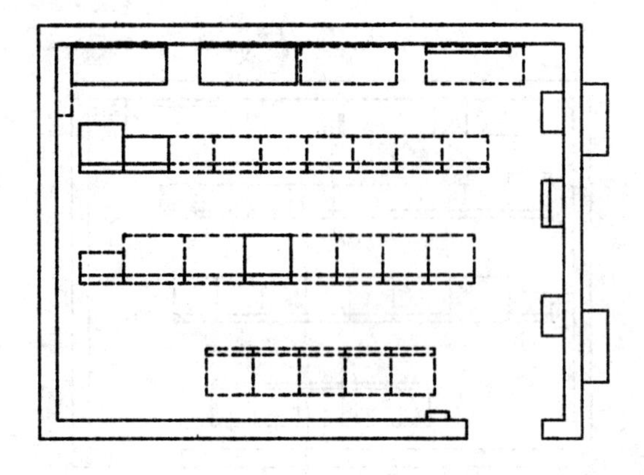

图 4-12　空气开关的绘制

5．接地地排的绘制

(1) 在距离 F 点水平向右 1500 mm 处，绘制一个 400 mm × 240 mm 的矩形，如图 4-13 所示。

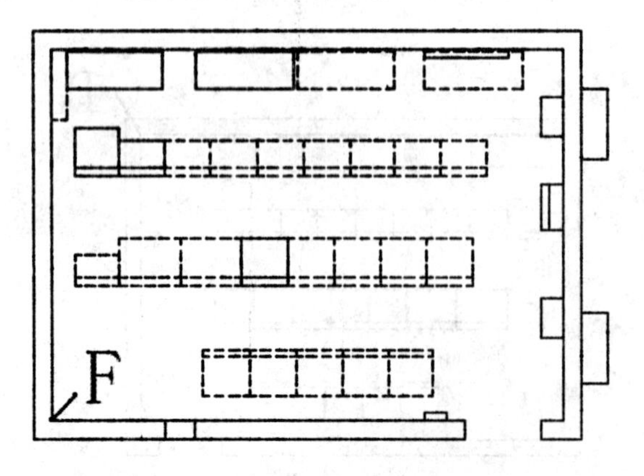

图 4-13　接地地排的绘制 1

(2) 从矩形的左上角顶点往右下角顶点画一条折线，并且用“SOLID”图案填充。上方绘制一个 415 mm × 4 mm 的矩形，效果如图 4-14 所示。

(3) 同理绘制出另外 3 个馈孔线，效果如图 4-15 所示。

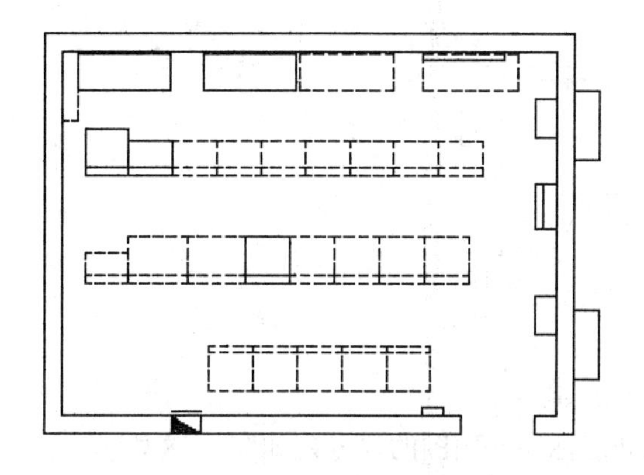

图 4-14　接地地排的绘制 2

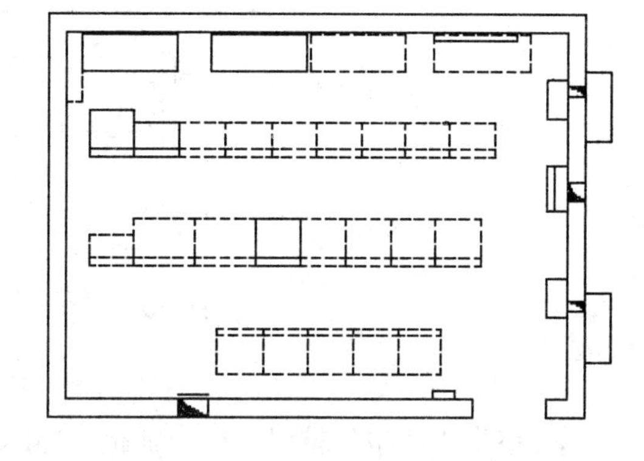

图 4-15　馈孔线的绘制

6. 尺寸标注

新建标注样式名为“机房”的尺寸标注样式，依次修改相关参数，如图 4-16 所示。

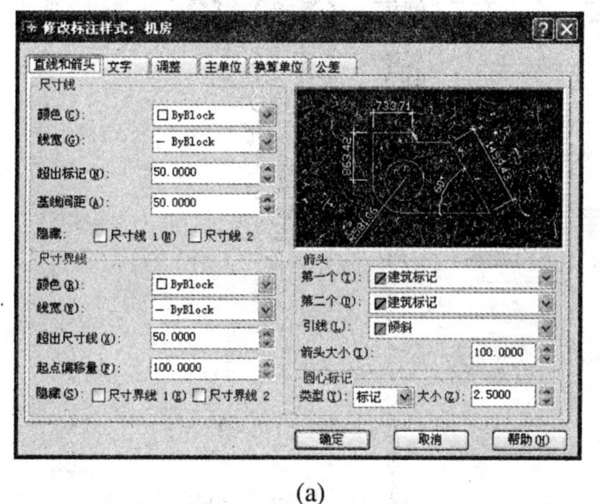

(a)

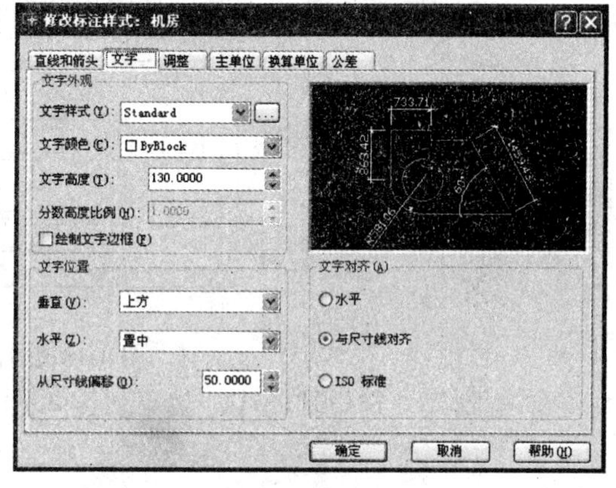

(b)

(c)

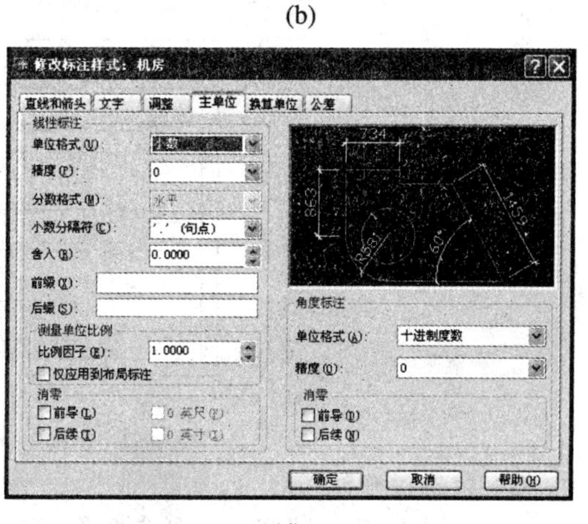

(d)

图 4-16　尺寸标注参数修改

(1) 墙体尺寸标注。

① 执行“构造线”命令，绘制如图 4-17 所示的构造线作为定位线，其中构造线距离平面图 650 mm。

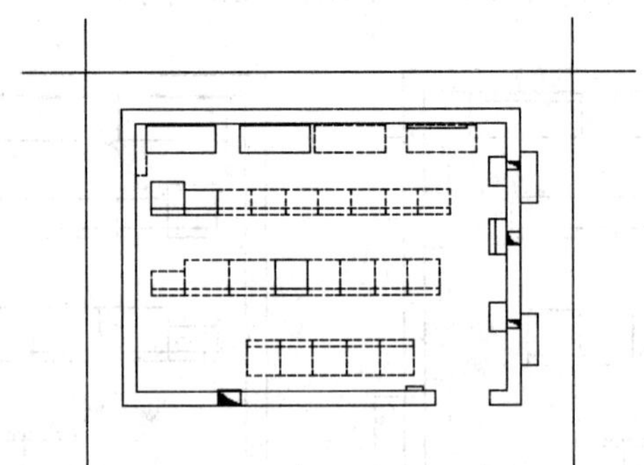

图 4-17　墙体尺寸标注 1

② 单击“线型”按钮，配合捕捉与追踪功能标注平面图的尺寸，如图 4-18 所示。

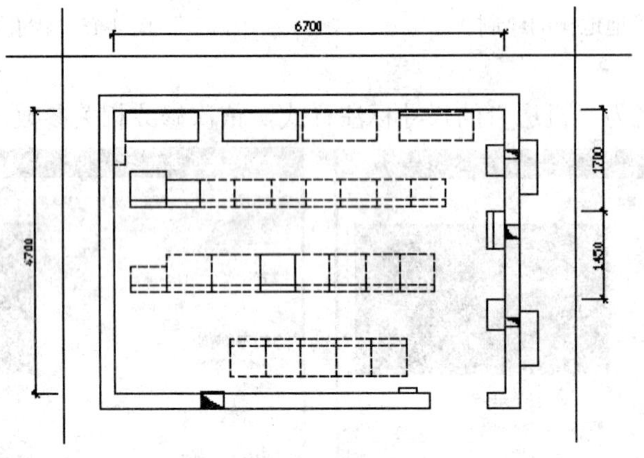

图 4-18　墙体尺寸标注 2

③ 删除尺寸定位辅助线，效果如图 4-19 所示。

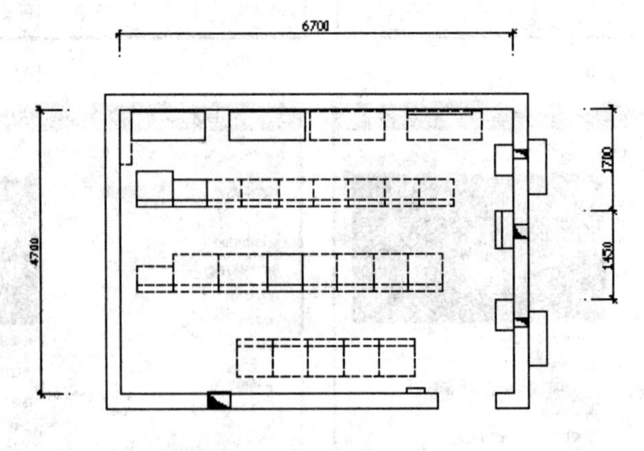

图 4-19　墙体尺寸标注 3

(2) 设备尺寸标注。

① 执行“构造线”命令，绘制如图 4-20 所示的构造线作为定位线，其中构造线距离平面图 200 mm。

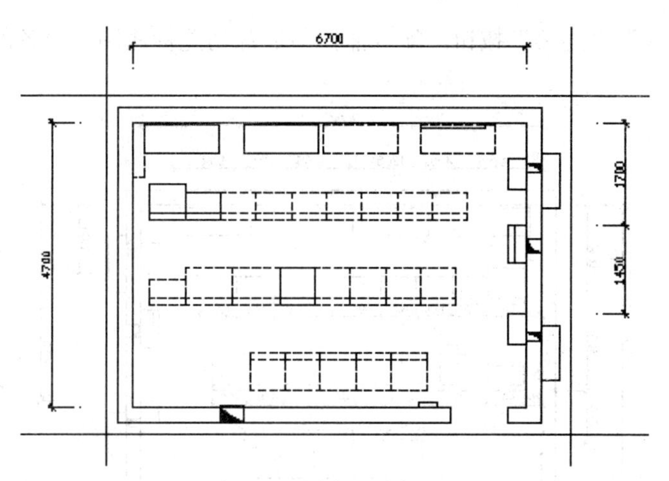

图4-20　设备尺寸标注1

② 单击“线性”、“连续”按钮，配合捕捉与追踪功能标注平面图的尺寸，如图 4-21 所示。

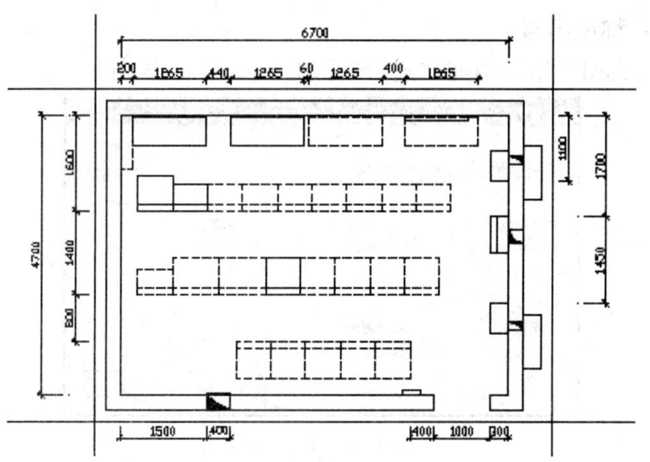

图4-21　设备尺寸标注2

③ 删除尺寸定位辅助线，效果如图4-22所示。

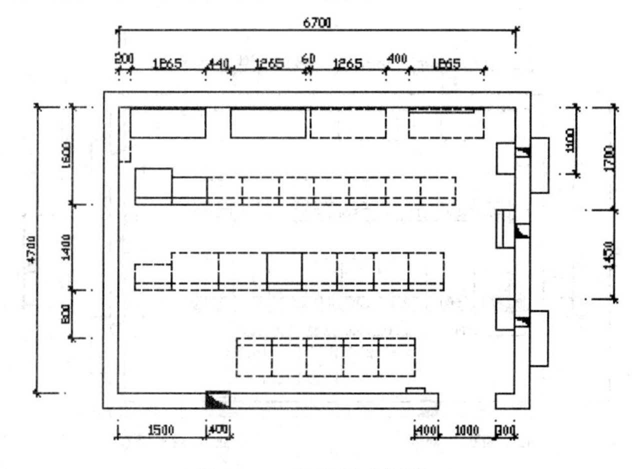

图4-22　设备尺寸标注3

④ 单击“线性”、“连续”按钮，配合捕捉与追踪功能标注图中设备的尺寸，效果如图4-23所示。

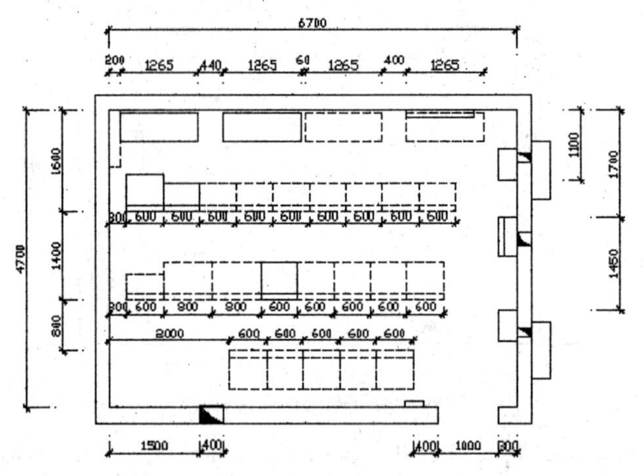

图 4-23　设备尺寸标注 4

7．标注设备名称或编号

(1) 使用“Standard”作为当前样式，参数修改如图4-24所示。

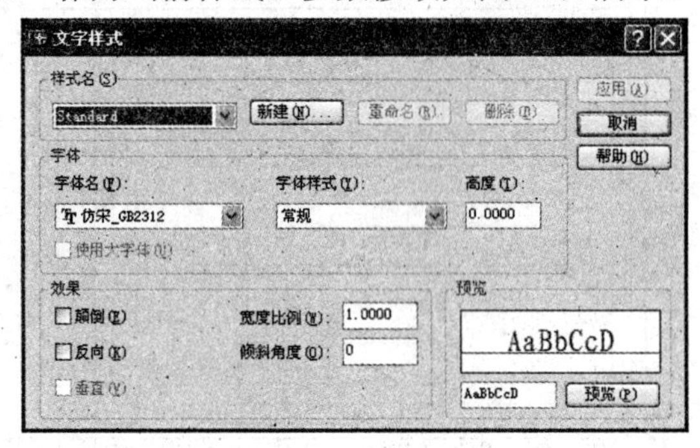

图 4-24　修改参数

(2) 使用“多行文字”命令，标注第一个设备编号“4”，文字高度为150，使用“移动”命令，将文字移动到合适的位置。标注效果如图4-25所示。

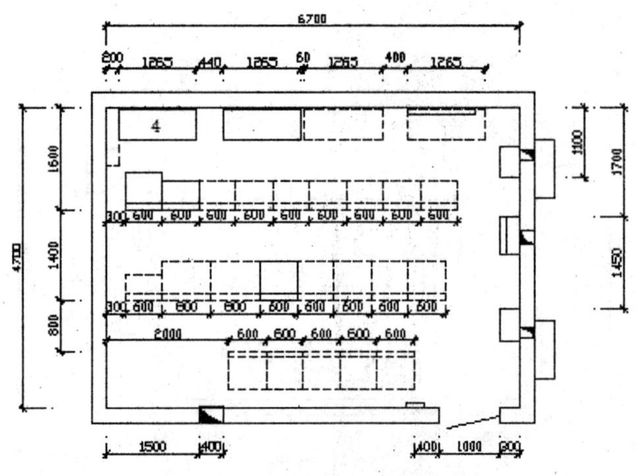

图 4-25　标注设备名称或编号 1

(3) 使用“复制”命令，将多行文字复制到其他设备中；执行“编辑文字”命令，对复制出的文字内容进行修改，效果如图 4-26 所示。

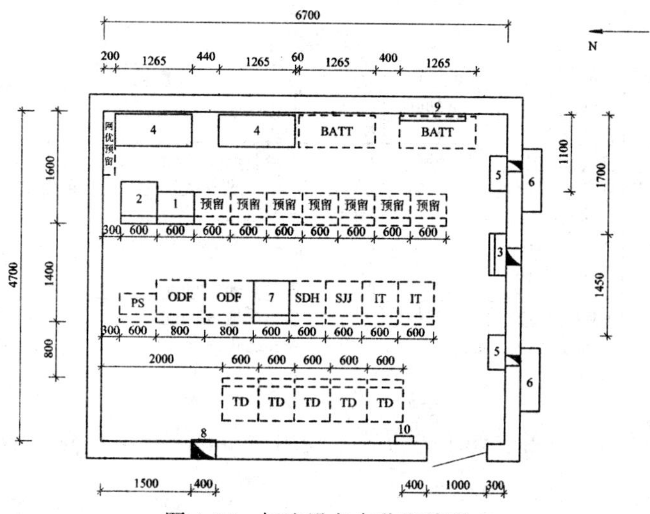

图 4-26　标注设备名称和编号 2

8．设备配置表的绘制

(1) 绘制一个 400 mm × 300 mm 的矩形，利用“阵列”命令，将矩形行成 11 行 1 列的表格，如图 4-27 所示。

(2) 紧挨着第一行的矩形绘制一个 1500 mm × 300 mm 的矩形，如图 4-28 所示。

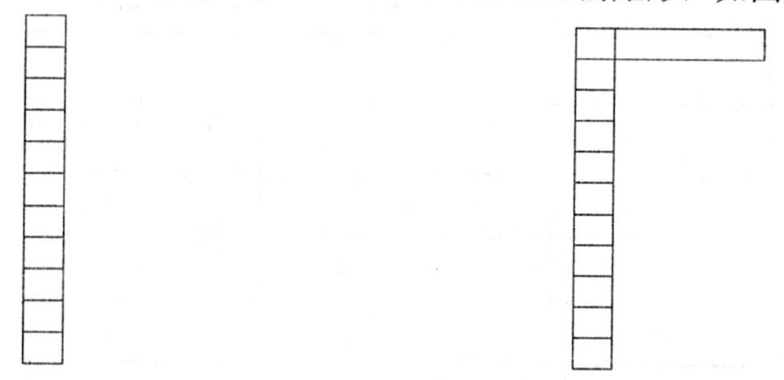

图 4-27　绘制设备配置表 1　　　　图 4-28　绘制设备配置表 2

(3) 利用“阵列”命令，将 1500 mm × 300 mm 的矩形行成 11 行 1 列的表格，如图 4-29 所示。

(4) 将上一步的表格整体向右复制一份，如图 4-30 所示。

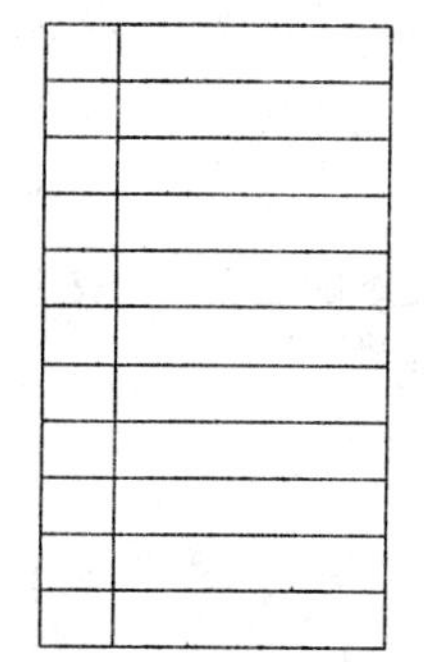

图 4-29　绘制设备配置表 3

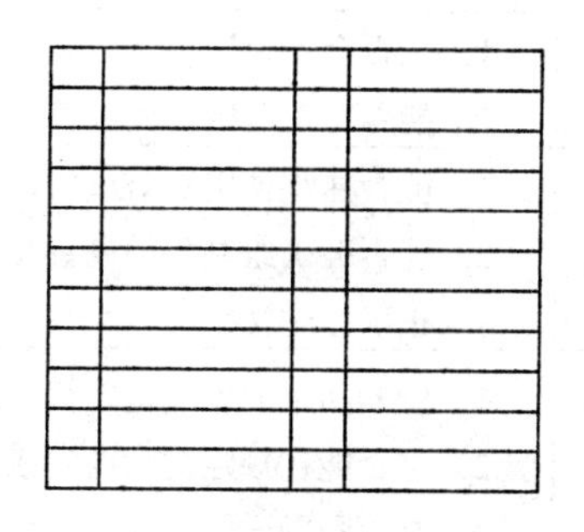

图 4-30　绘制设备配置表 4

(5) 重复复制列，得到表格。在每个表格中的合适位置，使用“多行文字”命令，书写相应的文字，效果如图 4-31 所示。

设备表

编号	名　称	数量	尺寸（W•D•H）	规格配置
1	GSM900载频架	1	600•450•1940	阿尔卡特MBI5
2	开关电源架	1	600•600•2000	中达
3	交流配电箱	1	600•300•1000	下沿距地1000mm
4	蓄电池(500AH)	2	1265•466•870	双登：-48V/500AH（双层叠放）
5	空调室内机	2	500•298•1680	3P柜机
6	空调室外机	2	900•320•795	外机下沿距屋檐1500mm
7	传输综合机架	1	600•600•2200	
8	C点接地地排	1	415•4•60	下沿距地2400mm
9	环境与动力监控	1	1100•100•400	下沿距地1400mm
10	空气开关	1		暗箱装在墙内

图 4-31　设备配制表效果图

(6) 备注的书写。在设备表的下方位置，使用“多行文字”命令，书写备注的内容。

➢ 任务评价

绘制基站机房布局图任务评价单

姓名：	自　评 (10%)	班　组 (30%)	教师评分 (60%)
设计能力(满分 30 分)			
绘制技能(满分 40 分)			
态度(满分 30 分)			
小计			
总分(满分 100 分)			

任务 4 附注

评价标准及依据

评价指标	评　价　标　准	评价依据	权重	得分
设计能力	1．能否合理设计基站布局、走线； 2．能否合理制定工程量表	设计图	30%	
绘制技能	1．能否熟练使用 CAD 软件； 2．能否准确绘制各种设备及尺寸、正确标注文字	绘制图纸的过程、完成的图纸质量	40%	100
态度	1．绘制图纸的态度是否细致认真； 2．是否能在规定时间内完成； 3．是否和同学团结互助	绘制图纸的过程	30%	

项目二

基站室内施工

任务5　施工计划与预算

任务下达

你是某通信工程公司的项目经理助手，你公司承接了N市A区的3G移动基站工程安装项目。

项目开工前，项目经理需要你辅助他做本工程项目的初步施工计划及概、预算。开始工作吧！

➤ 任务目标

知识目标	1．熟悉基站组成结构； 2．掌握施工流程； 3．熟悉基站安装所需工具、仪表、材料
技能目标	1．能够正确准备安装工具、测量仪表、材料； 2．能够合理安排施工计划； 3．能够按正确顺序施工； 4．能够基本合理地预算工程量
态度目标	1．良好的职业道德； 2．良好的安全意识； 3．善于观察、勤于思考，严谨的工作态度

➢ 任务情境

■ 工作安排

(1) N 市 A 区的 3G 移动基站工程安装项目需做 10 个宏基站，分别编号为 1 号站、2 号站、……、10 号站，28 天完成工程，每站工日为 176 工日，均为技工工日。

(2) 请编写初步施工计划及概、预算。

(3) 2 人一组。

■ 需用设备

计算机、文字处理软件如 Word、电子表格如 Excel。

■ 工作要求

初步施工计划中应满足低成本、高效率的要求。内容应包括：

(1) 人员配备与分组；

(2) 施工流程；

(3) 每日计划安排；

(4) 设备表；

(5) 材料与劳保物品表；

(6) 工具仪器表。

预算表内容应包括：设备、材料预算和工程费预算。

➢ 任务案例

一、完成任务的参考案例——移动通信基站设备安装工程施工预算示例

1．已知条件

(1) 本工程设计是 GSM 数字移动通信网××基站设备安装单项工程。

(2) 本工程为一类工程，由一级施工企业施工，施工企业距施工所在地 150 km。

(3) 设计图纸说明：

① 本基站站址选择建在市区繁华地带，基站设备放在三楼机房内；

② 楼顶铁塔上安装 3 副定向天线，小区方向分别为 N0°、N120°、N240°，其塔高均为 20 m；

③ 基站天馈线(简称馈线)的布置与安装采用 $\frac{7}{8}$ in(1 in = 0.0254 m)的同轴电缆，各馈线进入机房的孔洞严格密封，以防渗水；

④ 室外走线架的规格为 500 mm 宽，走线架固定件材料已含在走线架材料内。

(4) 基站设备机架为上走线，除架间用螺栓连接外，还应考虑设备的抗震加固处理。

(5) 室内走线架均采用宽为 400 mm 的标准产品，安装室内走线架共 10 m，走线架固定件材料已含在走线架材料内。

(6) 室内壁挂式 DDF 架的安装，按每架 2.5 技工工日估列。

(7) 工程勘察设计费 8000 元。

(8) 本工程建设单位成立筹建机构，不委托监理。

(9) 本工程不计取综合赔补费、研究试验费、生产准备费、供电贴费、建设期贷款利息等。

(10) 主材运距均为 100 km 以内，设备运距为 500 km。

(11) 设计范围与分工如下：

① 本工程设计范围主要包括移动基站的天线、馈线、室外走线架等设备的安装及布放，不考虑中继传输电路、供电电源等部分内容；

② 本基站收发信机架间所有连线、收发信机至 DDF 之间的缆线均由设备供应商提供并负责安装；

③ 基站设备与监控箱、避雷器在同一机房内，设备平面布置及走线架位置由本工程统一协调安排；

④ 配套工程如土建(包括墙洞)、空调等工程设计和预算未包括在本设计内，应由建设单位委托相关设计单位设计和预算。

(12) 设备、主材单价表。

设备、主材单价表如表 5-1 所示。

表 5-1　设备、主材单价

序号	设备及材料名称	规格型号	单位	单价(元)
1	基站设备	RBS883	架	45 000.00
2	基站监控箱		个	8000.00
3	避雷器		个	2000.00
4	馈线密封窗		个	800.00
5	定向天线	18dBi(65 度)	副	7000.00
6	馈线	7/8 in	条	36.00
7	室外走线架	500 mm	m	220.00
8	馈线接地件	7/8 in	套	80.00
9	馈线卡子	7/8 in	套	0.20
10	室内走线架	400 mm	m	180.00
11	壁挂式 DDF 架		架	14 000.00
12	膨胀螺栓 M10 × 40		套	3.00
13	膨胀螺栓 M10 × 80		套	6.00
14	膨胀螺栓 M12 × 80		套	5.00

2．工程量统计

(1) 安装移动通信定向天线：3 副。

(2) 布放馈线(射频同轴电缆)：总长度为 240 m。其中，基本布放馈线共有 6 条，长度为 10 m/条，超过 10 m 的部分，每增加 10 m 布放一条，共增加 18 条。

(3) 安装基站设备：1 架。

(4) 安装制作抗震机座：1 个。

(5) 安装基站监控箱：1 个。

(6) 安装避雷器：1 个。

(7) 安装馈线密封窗：1 个。

(8) 安装室外走线架：8 m。

(9) 安装室内走线架：10 m。

(10) 安装数字配线架 DDF(壁挂式)：1 个。

(11) 天馈线系统调测：6 条。

(12) 基站系统调测(6 个载频)：1 站。

将上述工程量汇总，如表 5-2 所示。

表 5-2　工程量统计

序号	工程量名称	单位	数量
1	安装室外馈线走道(楼顶)	m	5.00
2	安装室外馈线走道(沿楼外墙)	m	3.00
3	楼顶铁塔上安装定向天线	副	3.00
4	布放射频同轴电缆 7/8 in 以下(10 m)	条	6.00
5	布放射频同轴电缆 7/8 in 以下(每增加 10 m)	条	18.00
6	安装避雷器	个	1.00
7	安装馈线密封窗	个	1.00
8	安装基站设备(落地式)	架	1.00
9	安装基站壁挂式监控配线箱	个	1.00
10	基站天馈线调测	条	6.00
11	基站系统调测(6 个载频)	站	1.00
12	安装数字配线架 DDF(壁挂式)	架	1.00
13	制作安装防震机座	个	1.00
14	安装室内走线架	m	10.00

3．预算编制说明

(1) 工程概况。本工程设计是 GSM 数字移动通信网 ×× 基站设备安装单项工程，按一阶段设计编制施工图预算。本工程共安装基站设备1架、布放 7/8 in 射频同轴电缆 240 m。预算总价值为 148 041.35 元，总工日为 176 工日，均为技工工日。

(2) 编制依据。

① 施工图设计图纸及说明；

② 原邮电部(1995)626 号“关于发布《通信建设工程概、预算编制办法及费用定额》等标准的通知”；

③ 原邮电部(1995)954 号“关于发布《通信建设工程类别划分标准》的通知”；

④ 原邮电部(1996)582 号“关于发布《通信建设工程施工机械台班费用定额》等两个定额标准的通知”；

⑤《××市电信建设工程概、预算常用电信器材基础价格目录》；

⑥ 原邮电部(1997)52 号“《关于明确通信建设工程概、预算中流动施工津贴标准》的通知”；

⑦《电信网光纤数字传输系统工程施工及验收暂行技术规定》。

(3) 有关费用与费率的取定。

① 本工程为第一阶段设计，总预算中计列预备费，费率为 4%；

② 本工程为一类工程，施工企业资质为一级，因此技工人工费取定 24.00 元/工日；

(4) 工程经济技术指标分析。本单项工程总投资 148 041.35 元，其中需要安装的设备 93 614.80 元，建安费 37 813.42 元，工程建设其他费 10 919.23 元，预备费 5693.90 元。

(5) 其他需说明的问题(略)。

4．部分预算表

(1) 预算总表。预算总表见表 5-3。

表 5-3　预 算 总 表

单项工程名称：×× 移动基站设备安装工程　　建设单位名称：×× 电信局　　表格编号：B1

序号	预算表编号	工程或费用名称	预算价值(元)或外币(　)							
			建筑工程	需要安装的设备	安装工程	不需安装的设备、工器具	其他费用	预备费	总价值	
									人民币(元)	其中外币(　)
1		工程费		93 614.80	37 813.42				131 428.22	
2	B5J	工程建设其他费					10 919.23		10 919.23	
3		小计		93 614.80	37 813.42		10 919.23		14 2347.45	
4		预备费(小计×4%)						5693.90	5693.90	
5		总计		93 614.80	37 813.42		10 919.23	5693.90	14 8041.35	

设计负责人：×× 审核：××　　编制：××　　编制日期：×××× 年 × 月 × 日

(2) 建筑安装工程费用预算表。建筑安装工程费用预算表见表 5-4。

表 5-4　建筑安装工程费用预算表

单项工程名称：×× 移动基站设备安装工程　　建设单位名称：×× 电信局　　表格编号：B2

序号	费用名称	依据和计算方法	技工费(元)	普工费(元)	合计(元)
	建筑安装工程费	一＋二＋三＋四			37 813.42
一	直接工程费	(一)＋(二)＋(三)			30 969.70
(一)	直接费	1＋2＋3			22 329.78
1	人工费	(1)＋(2)＋(3)			4224.00
(1)	技工费	24.00 元/日 × 技工工日	4224.00		4224.00
(2)	成建制普工费				
(3)	普工费				
2	材料费	(1)＋(2)			18 105.78
(1)	主要材料费	表(四)(国内主要材料费)			13 220.74
(2)	辅助材料费	主材费 × 5%			661.04
3	机械使用费	表(三)乙			
(二)	其他直接费	1～13 之和			6021.04
1	冬雨季施工增加费	天馈线人工费 × 6%			149.04
2	夜间施工增加费	人工费 × 4%			168.96
3	工程干扰费				
4	特殊地区施工增加费	无			
5	新技术培训费	无			
6	仪器仪表使用费	站数 × 2000.00 元			2000.000
7	生产工具用具使用费	技工费 × 12%	506.88		506.88
		普工费 × 2%			
8	工程车辆使用费	技工费 × 13%	549.12		549.12
9	工地器材搬运费				
10	流动施工津贴	4.8 元 × 技工工日	844.80		844.80
11	人工费差价	8.8 元 × 技工工日	1548.80		1548.80
		4 元 × 普工工日			
12	工程点交、场地清理费	技工费 × 6%	253.44		253.44
13	施工生产用水电蒸气费				
(三)	现场经费	1＋2	2618.88		2618.88
1	临时设施费	技工费 × 22%	929.28		929.28
2	现场管理费	技工费 × 40%	1689.60		1689.60
二	间接费	(一)＋(二)	3062.40		3062.40
(一)	企业管理费	技工费 × 66%	2787.84		2787.84
(二)	财务费	技工费 × 6.5%	274.56		274.56
三	计划利润	人工费 × 60%	2534.40		2534.40
四	税金	(一＋二＋三) × 3.41%	1246.92		1246.92

设计负责人：×××　　审核：××　　编制：××　　编制日期：×××× 年 × 月 × 日

二、基站设备安装单项工程一般施工进程示例

(1) 货物搬运，开箱验货。

(2) 准备安装工具仪表。

准备安装时需要准备如下工具：冲击钻、电钻、斜口钳、尖嘴钳、老虎钳、剪线钳、扳手(大号、小号)、十字螺丝批(多种型号)、一字螺丝批(多种型号)、电烙铁、助焊剂、焊锡丝、美工刀、压接套筒、压线钳、热风枪、地阻仪、万用表、卷尺、水平仪、记号笔、铁锤、橡皮锤、梯子、馈线接头制作专用工具、罗盘、倾角仪、铁锉、钢锯、驻波比测试仪、手套、工作服、安全帽、绝缘鞋。

(3) 室内设备安装进程。

① 室内走线架安装；

② 室内接地排安装，做联合接地地阻测量；

③ 配线架(盒)安装；

④ 主设备机柜安装；

⑤ 其他设备(如传输设备、电源设备、监测设备等)安装；

⑥ 线缆接头制作；

⑦ 线缆(E1线、电源线、跳线、地线、光纤等)安装连接，布放。

(4) 室外设备(天馈系统)安装进程。

① 馈线窗安装；

② 室外走线架安装；

③ 室外接地系统安装；

④ 室外线缆安装布放；

⑤ 馈缆接头制作；

⑥ 线缆接地卡安装，做防水绝缘处理，做接地连接；

⑦ 天线组装、安装、调测、紧固；

⑧ 其他设备(如防雷箱、塔放、RRU、功分器等)安装；

⑨ 天馈系统检查，需检查：各种线揽接头是否接触可靠；避雷器安装是否正确；各紧固螺钉是否牢固；防水处理是否可靠；测量天线方位角、下倾角；测量天馈系统驻波比值。

➢ 任务资讯

一、通信建设项目

1．建设项目的基本概念及构成

建设项目是指按一个总体设计进行建设，经济上实行统一核算，行政上有独立的组织形式并实行统一管理的建设工程。凡属于一个总体设计中分期分批进行的主体工程、附属配套工程、综合利用工程等都应作为一个建设项目，不能把不属于一个总体设计的工程，按各种方式归算为一个建设项目，也不能把同一个总体设计内的工程，按地区或施工单位

分为几个建设项目。一个建设项目一般可以包括一个或若干个单项工程。

单项工程是指具有单独的设计文件，建成后能够独立发挥生产能力或效益的工程。单项工程是建设项目的组成部分。工业建设项目的单项工程一般是指建设有一定生产能力的流水线或车间的工程；非工业建设项目的单项工程一般是指能够发挥设计规定主要效益的各个独立工程，如教学楼等。

单位工程是指具有独立的设计，可以独立组织施工的工程。单位工程是单项工程的组成部分。一个单位工程包含若干个分部、分项工程。建设项目示意图如图 5-1 所示。

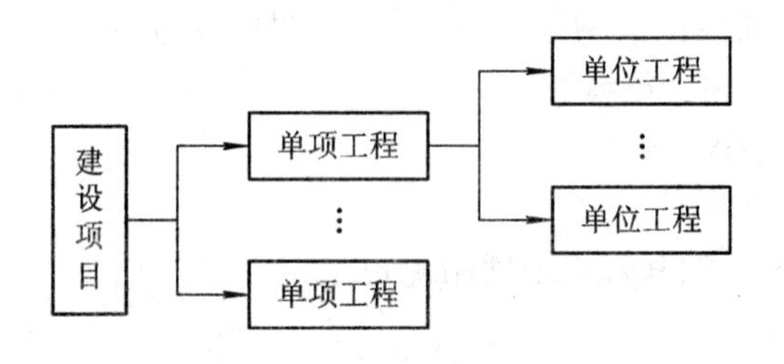

图 5-1　建设项目示意图

根据原邮电部[1992139 号]《邮电基本建设工程设计文件编制和审批办法》的规定，通信建设项目的工程设计可按不同通信系统或专业，划分为若干个单项工程进行设计。对于内容复杂的单项工程，或同一单项工程中由几个单位设计、施工时，还可分为若干个单位工程。

单位工程是根据具体情况由设计单位自行划分的。

2．建设项目分类

为了加强建设项目管理，正确反映建设项目的内容及规模，可从不同标准、角度分类。

1) 按建设性质分类

建设项目可划分成基本建设项目和更新改造项目两大类。

(1) 基本建设项目。基本建设项目简称基建项目，是投资建设用于进行以扩大生产能力或增加工程效益为主要目的的新建、扩建工程及有关工作。具体包括以下几个方面：

① 新建项目。新建项目是指以技术、经济和社会发展为目的，从无到有的建设项目。现有企业、事业和行政单位一般不应有新建项目，如新增加的固定资产价值超过原有全部固定资产价值 3 倍以上时，才可算新建项目。

② 扩建项目。扩建项目是指企业为扩大生产能力或新增效益而增建的生产车间或工程项目，以及事业和行政单位增建业务用房等。

③ 迁建项目。迁建项目是指现有企、事业单位为改变生产布局或出于环境保护等其他特殊要求，搬迁到其他地点的建设项目。

④ 恢复项目。恢复项目是指原固定资产因自然灾害或人为灾害等原因已全部或部分报废，需要投资重新建设的项目。

(2) 更新改造项目。更新改造项目是指建设资金用于对企、事业单位原有设施进行技术改造或固定资产更新，以及相应配套的辅助性生产、生活福利等工程和有关工作。更新改造项目一般包括挖潜工程、节能工程、安全工程、环境工程等。更新改造措施应按专款专用，少搞土建，不搞外延的原则进行。

2) 按投资作用分类

建设项目以其投资在国民经济各部门中的作用，分为生产性建设项目和非生产性建设项目。

(1) 生产性建设项目。指直接用于物质生产或直接为物质生产服务的建设项目，主要包括以下四个方面：

① 工业建设，包括工业、国防和能源建设。

② 农业建设，包括农、林、牧及水利建设。

③ 基础设施建设，包括交通、邮电、通信建设，地质普查、勘探建设，建筑业建设等。

④ 商业建设，包括商业、饮食、营销、仓储、综合技术服务事业的建设。

(2) 非生产性建设项目。非生产性建设项目包括用于满足人民物质和文化、福利需要的建设项目以及非物质生产部门的建设项目，主要包括以下四个方面：

① 办公用房建设，包括各级国家党政机关、社会团体、企业管理机关的办公用房建设。

② 居住建筑，包括住宅、公寓、别墅建设。

③ 公共建筑，包括科学、教育、文化艺术、广播电视、卫生、体育、社会福利事业、公用事业、咨询服务、宗教、金融、保险等建设。

④ 其他建设。不属于上述各类的其他非生产性建设。

3) 按项目规模分类

按照国家规定的标准，基本建设项目可划分为大型、中型、小型三类；更新改造项目可划分为限额以上和限额以下两类。不同等级标准的建设项目，国家规定的审批机关和报建程序也不尽相同。针对通信固定资产投资计划项目规模，各类项目可作如下具体划分：

(1) 基建大中型项目。基建大中型项目包括长度在 500 km 以上的跨省(区)长途通信电缆、光缆，长度在 1000 km 以上的跨省(区)长途通信微波，总投资额在 5000 万元以上的其他基本建设项目。

(2) 基建小型项目。基建小型项目是指建设规模或计划总投资额在大中型规模以下的基本建设项目。

(3) 限额以上更新改造项目。限额以上更新改造项目是指限额在 5000 万元以上的更新改造项目。

(4) 限额以下更新改造项目。限额以下更新改造项目即统计中的更新改造其他项目，是指计划投资额在 5000 万元以下的更新改造项目。

二、通信建设工程建设程序

通信工程的大中型和限额以上的建设项目从前期工作到建设、投产要经过立项、实施和验收投产三个阶段。

1. 立项阶段

立项阶段是通信工程建设的第一阶段，包括项目建议书和可行性研究。项目建议书是工程建设程序中最初阶段的工作，是投资决策前拟定该工程项目的轮廓设想，包括项目提出的背景、建设的必要性和主要依据，建设规模、地点等的初步设想，工程投资估算和资金来源，工程进度、经济及社会效益估计。可行性研究是一种对拟建项目在决策前进行方案比较、技术经济论证的科学分析方法，是基本建设前期工作的重要组成部分。

根据原邮电部拟订的《邮电通信建设项目可行性研究编制内容试行草案》的规定，凡是达到国家规定的大中型建设规模的项目，以及利用外资的项目、技术引进项目、主要设备引进项目、国际出口局新建项目、重大技术改造项目等，都要进行可行性研究。小型通信建设项目进行可行性研究时，也要求参照本试行草案进行技术经济论证。可行性研究的步骤与内容如下：

(1) 筹划、准备及搜集资料；

(2) 现场条件调研与勘察；

(3) 确立技术方案；

(4) 投资估算和经济评价分析；

(5) 编写报告书；

(6) 项目审查与评估。

2. 实施阶段

实施阶段的主要任务就是工程设计和施工，这是建设程序最关键的阶段。该阶段包括初步设计、年度建设计划、施工准备、施工图设计、施工招标或委托、开工报告、施工等七个部分。

3. 验收投产阶段

为了充分保证通信系统工程的施工质量，工程结束后，必须经过验收才能投产使用。验收投产阶段的主要内容包括初步验收、试运转和竣工验收三个方面。

三、建筑安装工程费

各单项工程总费用由建筑安装工程费、工程建设其他费、预备费、建设期利息四部分构成。

建筑安装工程费由直接工程费、间接费、计划利润和税金组成。

工程建设其他费是指应在建设项目的建设投资中开支的固定资产费用、无形资产费用和其他资产费用。

预备费是指在初步设计及概算内难以预料的工程费用。

建设期利息是指建设项目贷款在建设期内发生并应计入固定资产的贷款利息等财务费用。

1. 直接工程费

直接工程费是指直接消耗在建筑与安装上的各种费用之和，直接工程费由直接费、其他直接费和现场经费构成。

1) 直接费

直接费是指施工过程中耗用的构成工程实体和有助工程实体形成的各项费用，包括人工费、材料费和机械使用费。

(1) 人工费。人工费是指直接从事建筑安装工程施工的生产人员开支的各项费用，包括如下内容：

① 基本工资：指生产人员的岗位工资和技能工资。

② 工资性补贴：指规定标准的物价补贴，煤、燃气补贴，交通费用补贴，住房补贴等。

③ 辅助工资：指生产人员年平均有效施工天数以外非作业天数的工资。包括职工学习、培训期间的工资，调动工作、探亲、休假期间的工资，因气候影响的停工工资，女工哺乳期间的工资，病假在六个月以内的工资及产、婚、丧假期的工资。

④ 职工福利费：指按规定标准计取的职工福利费。

⑤ 劳动保护费：指规定标准的劳动保护用品的购置及修理费，防暑降温费，在有碍身体健康环境中施工的保健费用等。

人工费的计算规则如下：

- 概(预)算人工费 = 技工费 + 普工费；
- 概(预)算技工费 = 技工单价 × 概(预)算技工总工日；
- 概(预)算普工费 = 普工单价 × 概(预)算普工总工日。

(2) 材料费。材料费是指施工过程中耗用的构成工程实体的原材料、辅助材料、构配件、零件、半成品的费用和周转使用材料的摊销(或租赁)费用，包括如下内容：

① 材料原价：指出厂价格或供货地点的价格。

② 供销部门手续费：指供销部门筹供器材所发生的手续费。

③ 包装费：指需要再包装方能转运的器材包装时发生的费用。应根据具体情况计算包装费。

④ 运杂费：指器材自发货地点至工地集配点或装机地点的运输、装卸、搬运所发生的费用(包括火车、汽车、水上等各种运输工具和人力搬运装卸的一切费用)。

⑤ 采购及保管费：指在组织采购、供应、运输和保管过程中所发生的费用。具体包括管理人员及仓库工作人员的基本工资及工资性补贴、福利费、办公费、差旅交通费、劳动保护费、非生产性固定资产使用费、低值易耗品的摊销和临时仓库租用费。

⑥ 运输保险费：指器材经国内运输部门运输时发生的保险费用。

材料费计费标准及计算规则如下：

- 材料费 = 主要材料费 + 辅助材料费；
- 主要材料费 = 材料原价 + 供销部门手续费 + 包装费 + 运杂费 + 采购及保管费 + 运输保险费；

上式中：供销部门手续费 = 材料原价 × 供销部门手续费费率(1.8%)；

包装费一般已含在材料原价中，如需再包装应根据具体情况按实计算；

- 运杂费 = 器材原价 × 器材运杂费费率；
- 运输保险费 = 材料、器材原价 × 保险费费率 0.1%；
- 采购及保管费 = 材料原价 × 采购及保管费费率(一般为 1%)。

凡由建设单位提供的利旧料，其材料费不计入工程成本。

- 辅助材料费 = 主要材料费 × 辅助材料费系数。

辅助材料费系数的标准为：通信线路工程、通信管道工程辅助材料费系数为 0.8%；通信设备安装工程中，电信设备安装工程采用国产设备的，辅助材料费系数为 5%；引进工程辅助材料费，以国内主要材料费为基数乘以 5%加上以国外主要材料费为基数乘以 0.1%之和计算；通信设备安装工程中邮政设备安装工程辅助材料费系数为 7%。

(3) 机械使用费。机械使用费是指使用施工机械所发生的使用费以及机械安、拆和进出场费用。其主要内容包括折旧费、大修理费、经常修理费、安拆费及场外运输费、燃料动力费、人工费(指机上操作人员的人工费)、运输机械养路费、车船使用税及保险费等。

机械台班费计费标准及计算规则为：对于小型机械构不成台班的已按规定计入其他直接费的工具用具使用费中；概(预)算机械台班量 = 定额台班量 × 工程量；机械使用费 = 机械

台班单价 × 概(预)算机械台班量。

2) 其他直接费

其他直接费指直接费以外施工过程中发生的费用，内容包括冬雨季施工增加费，夜间施工增加费，工程干扰费，特殊地区施工增加费，新技术培训费，仪器仪表使用费，生产工具用具使用费，工程车辆使用费，工地器材搬运费，流动施工津贴，人工费差价，工程点，交场地清理费及施工用水电蒸气费等。

(1) 冬雨季施工增加费：指在冬雨季施工时所采取的防冻、保温、防雨安全措施及工效降低所增加的费用。此费用标准是按常年摊销综合取定的，因此不分地区、不分季节均按规定计列。其计费标准及计算规则为

冬雨季施工增加费 = 概(预)算人工费 × 冬雨季施工增加费费率(6%)

此项费用只限于通信线路工程、通信管道工程、工矿线路工程、通信设备安装工程中的天线、馈线安装工程，也就是说只有室外操作的工程才计取此项费用。

(2) 夜间施工增加费：指在夜间施工时所采用的措施(包括照明设施的搭设、维修、拆除和摊销费用)、夜餐补助和工效降低所增加的费用。其计费标准及计算规则为

夜间施工增加费 = 概(预)算人工费 × 夜间施工增加费费率

通信设备安装工程、通信管道工程、市话线路及工矿线路工程的夜间施工增加费费率为 4%；长途线路(直埋、架空)工程进入城区部分也计列夜间施工增加费，计算标准为进入城区部分的概(预)算人工费 × 4%。

(3) 工程干扰费：指在市区施工的线路、管道工程由于受交通干扰、园林绿化、人流密集、市政配合、输电线等影响所采取的安全措施造成工效降低的补偿费用。其计费标准及计算规则为

工程干扰费 = 概(预)算人工费 × 工程干扰费费率

通信管道工程、市话线路及工矿线路工程的工程干扰费费率为 10%；长途线路(直埋、架空)工程进入市区部分，计算标准为进入城区部分的概(预)算人工费 × 10%。

(4) 特殊地区施工增加费：指通信工程在原始森林地区、海拔 2000 m 以上的高原地区、化工区、核污染地区、沙漠地区、山区无人值守微波站等特殊地区施工时所增加的费用。其计费标准及计算规则为

特殊地区施工增加费 = (技工工日 + 普工工日) × X 元/日

施工地点同时存在两种及以上情况时，只能计算一次，不得重复计列。例如既是高原地区，又是沙漠地区时，也只计列一次。

(5) 新技术培训费：指特定的新技术工程，施工企业培训施工人员所发生的费用。其计费标准及计算规则为

新技术培训费 = 概(预)算技工费 × 新技术培训费费率(一般为 1%)

新技术培训费需经建设主管部门同意方可计列此项费用。

(6) 仪器仪表使用费：指通信工程中使用的属于固定资产的仪器仪表摊销和维修费用。移动通信工程仪器仪表使用费是 2000 元/基站。

(7) 生产工具用具使用费：指施工所需的不属于固定资产的工具用具等的购置、摊销、维修费，此项费用不分专业一律计列。其计费标准及计算规则为

生产工具用具使用费 = 技工费 × 12% + 普工(成建制普工)费 × 2%

(8) 工程车辆使用费：指通信工程施工中发生的机动车车辆使用费，包括生活用车、接送工用车和其他零星用车，不含直接生产用车。直接生产用车包括在机械使用费和工地器材搬运费中。其计费标准及计算规则为

工程车辆使用费 = 计算基础 × 工程车辆使用费费率

(9) 工地器材搬运费：指通信线路工程施工中由工地集配点至施工现场之间的材料搬运所发生的费用。其计费标准及计算规则为

工地器材搬运费 = 概(预)算技工费 × 工地器材搬运费费率

(10) 流动施工津贴：指施工单位流动施工期间技工、成建制普工的津贴及部分特殊地区的长途光缆线路工程中非成建制普工津贴。其计费标准及计算规则为

技工流动施工津贴 = 流动施工津贴标准 × 技工总工日

(11) 人工费差价：指由于国家政策性调整产生的属于工资性的差价和地区性津贴。其计费标准及计算规则为

技工费差价 = 技工费差价单价 × 技工总工日

普工、成建制普工费差价 = 普工、成建制普工费差价单价 × 总工日

(12) 工程点交、场地清理费：指按规定编制竣工图及资料、工程点交、施工场地清理等发生的费用。其计费标准及计算规则为

工程点交、场地清理费 = 概(预)算技工费 × 工程点交、场地清理费费率

(13) 施工用水电蒸气费：指施工生产过程中使用水、电、蒸气所发生的费用。对于这部分费用，在编制概预算时，有规定的按规定计算，无规定的根据工程具体情况计算，如果建设单位无偿提供水、电、蒸气的则不应计列此项费用。

3) **现场经费**

现场经费指施工企业在现场组织施工生产和管理所需的费用，包括临时设施费和现场管理费。

(1) 临时设施费：指施工企业为进行建筑安装工程施工所需的生产和生活用的临时建筑物和其他临时设施的费用。临时设施费用的内容包括临时设施的搭设、维修、拆除费和摊销费。如果建设单位无偿提供临时设施则不计此项费用。其计费标准及计算规则为

临时设施费 = 计算基础 × 临时设施费费率

(2) 现场管理费：指施工企业在施工现场为组织和管理工程施工所需的费用，包括如下内容：

① 现场管理人员的基本工资、工资性补贴、职工福利费、劳动保护费等；

② 办公费：指现场管理办公用的文具、纸张、账表、印刷、邮电、书报、会议、水、电、烧水和集体取暖用煤等；

③ 差旅交通费：指现场管理人员因公出差期间的旅费、住勤补助费、市内交通费、误餐补助费、职工探亲费、工伤人员就医路费、工地转移费以及现场管理使用的交通工具的油料、燃料、养路费和牌照费等；

④ 固定资产使用费：指现场管理使用的属于固定资产的设备、仪器等的折旧费，大修费，维修费或租赁费等；

⑤ 工具用具使用费：指现场管理使用的不属于固定资产的工具，器具，家具，交通工具，消防用具等的购置、维修和摊销费；

⑥ 保险费：指施工管理用财产、车辆等的保险费用；

⑦ 工程排污费：指施工现场按规定交纳的排污费用；

⑧ 其他费用。

其计费标准及计算规则为

现场管理费 = 计算基础 × 现场管理费费率

2. 间接费

间接费由企业管理费和财务费构成。

1) 企业管理费

企业管理费指施工企业为组织施工生产经营活动所发生的管理费用，包括如下内容。

(1) 管理费：管理人员的基本工资、工资性补贴及按规定标准计提的职工福利费；

(2) 差旅交通费：指企业管理人员因公出差、工作调动的旅费、住勤补助费、市内交通费、误餐补助费等；

(3) 办公费：指企业办公用的文具、纸张、账表、印刷、邮电、书报、会议、水、电、燃料等费用；

(4) 固定资产使用费：指企业属于固定资产的房屋、设备、仪器等的折旧、维修等费用；

(5) 工具用具使用费：指企业管理使用的不属于固定资产的工具、用具、家具、交通工具、消防用具等的购置、维修和摊销费；

(6) 保险费：指企业财产、管理用车辆等的保险费用；

(7) 职工教育经费：指按规定计提的在职职工的教育经费；

(8) 工会经费：指企业按职工工资总额计提的工会经费；

(9) 税金：指企业按规定交纳的房产税、车辆使用税、土地使用税、印花税等；

(10) 劳动保险费：指企业支付离退休职工的退休金、价格补贴、医药费、异地安家补助费、职工退职金、职工死亡丧葬补助费、抚恤费及按规定支付给离休干部的各项经费；

(11) 职工养老保险费及待业保险费：指职工退休养老金的积累及按规定标准计提的职工待业保险费；

(12) 其他费用：指上述各项目以外的其他必要的支出，例如土地使用费、排污费、绿化费、业务招待费、审计费等。

企业管理费计费标准及计算规则为

企业管理费 = 概(预)算技工费 × 企业管理费费率

2) 财务费

财务费是指企业为筹集资金而发生的各项费用，包括企业经营期间发生的短期贷款利息净支出、汇兑净损失、调剂外汇手续费、金融机构手续费以及企业筹集资金发生的其他财务费用。其计费标准及计算规则为

财务费 = 概(预)算技工费 × 财务费费率

3. 计划利润

计划利润指为维护国家和企业的利益按规定应计入建筑安装工程造价的利润。依据工程类别实行差别利润率。其计费标准及计算规则为

计划利润 = 概(预)算人工费 × 计划利润率

4．税金

税金指按国家税法规定应计入建筑安装工程造价内的营业税、城市维护建设税及教育费附加。税金的计取基数为建筑安装工程费，其计费标准及计算规则为

税金＝营业税＋城市维护建设税＋教育费附加

＝(直接工程费＋间接费＋计划利润)×税率(3.41%)

四、施工协调管理

施工协调管理包括以下几点：

(1) 与设计单位间工作协调。施工前与设计院联系，进一步了解设计意图及工程要求，根据设计意图提出具体施工实施方案。认真核实、阅读施工图纸，尽快配合进行图纸会审。

(2) 与业主、监理工程师的工作协调(有业主监督的站点)。在施工全过程中，严格按照业主及监理工程师批准的“施工组织设计”组织施工和项目管理，接受监理工程师的验收和检查，并按照监理工程师要求，予以整改。

所有进入现场使用的成品、半成品、原材料主动向监理工程师提交产品合格证或质保书，做到不合格材料不进入现场使用为原则。

严格执行“上道工序不合格，下道工序不施工”的准则，使监理工程师能顺利开展工作，对出现意见不一的情况，遵循“先执行监理的指导，后予以磋商统一”。

定期或按要求提交监理工程师指定的文件、报表、资料。

(3) 与业主、设计、勘察、监理等各方配合的工作。应会同业主、监理、设计进行图纸会审。建筑物测量定位或放线应邀请业主监理方参加，测量成果应请业主、监理方签字。

基站建设后，应邀请业主、监理、设计、勘察共同验收，并做好隐蔽部位验收记录。具体步骤为：

(1) 基础施工完后应邀请业主、监理、设计对基础工程进行验收。

(2) 隐蔽部位隐蔽前应邀请业主、监理参加验收，并作好隐蔽工程验收记录，结构主部位要通知设计进行验收。工程装饰前应邀请业主、监理、设计、质监对工程主体进行验收。

(3) 工程完工后提请业主、监理工程师组织验收，并按要求进行整改。

➢ 任务评价

施工计划与预算任务评价单

姓名：	自 评 (10%)	班 组 (30%)	教师评分 (60%)
计划设计能力(满分 40 分)			
预算技能(满分 30 分)			
态度(满分 30 分)			
小计			
总分(满分 100 分)			

任务 5 附注

评价标准及依据

评价指标	评 价 标 准	评价依据	权重	得分
计划设计能力	1．合理安排施工进程； 2．合理配备人员，分配时间； 3．合理调配材料工具仪表	施工计划	40%	100
预算技能	1．基本合理地预算； 2．规范得填写预算表	工程预算表	30%	
态度	1．工作态度细致认真； 2．小组团结协作，与同学团结互助	操作过程；施工计划；工程预算表	30%	

任务6　室内线路安装

任务下达

你是某通信工程公司的工程师，你公司承接了N市A区的3G移动基站工程安装项目。

基站机房室内各部分设备已按要求安装到位，现在需要将各设备进行连接。你的任务是做线缆接头，包括电源线接头、数字中继电缆接头。开始工作吧！

➢ 任务目标

知识目标	1. 熟悉线路安装规范； 2. 掌握线缆接头制作方法； 3. 熟悉基站安装所需工具、仪表、材料
技能目标	1. 能制作电源线、数字中继电缆线接头； 2. 能正确使用工具、测量仪表； 3. 能规范连接电源、传输设备及主设备，做好接地； 4. 能按规范安装其他室内设备
态度目标	1. 良好的职业道德； 2. 良好的安全意识、严谨的工作态度； 3. 良好的沟通能力与团结协作精神

➢ 任务情境

■ 工作安排

(1) 制作电源线接头(制作线鼻)并检测。
(2) 制作数字中继电缆接头并检测。
(3) 4 人一组，由组长负责，轮流操作，互助互评。

■ 需用材料

电源线、OT 端子、制作数字中继电缆、中继电缆接头(同轴连接器)。

■ 工具仪表

(1) 制作电源线接头所需工具：
卷尺、剪线钳、裁纸刀、液压钳、热风枪、热缩套管(绝缘胶布)。
(2) 制作数字中继电缆接头所需工具：
万用表、剥线钳、压接钳、斜口钳、电烙铁、焊锡丝、压接套筒。

任务提醒：
(1) 戴安全帽，穿工作服。
(2) 小心使用裁纸刀、液压钳。必要时戴手套。
(3) 爱护工具仪表。

➢ 任务向导

一、电源线及地线接头制作

1. 电源线及地线概述

每台机柜需要连接电源线和保护地线。

电源线是–48 V 电源线、+ 24 V 电源线、电源地线和电源保护地线的合称，它将–48 V、+ 24 V 直流电从直流配电设备输送到机顶的线缆端子座，给整个基站供电。

电源线一端为 OT 端子，习惯上我们把 OT 端子称为“线鼻”，用于连接配电机柜，另一端直接将线材剥皮塞进机顶接线端子即可。工程中，一般采用的发货方式为直接发线材和 OT 端子。

电源线形状如图 6-1 所示。

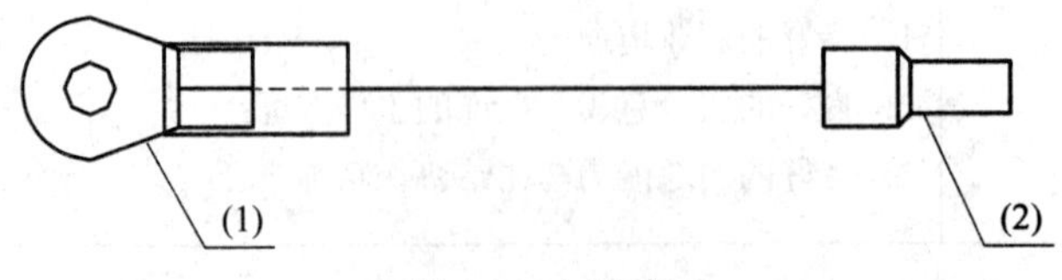

图 6-1　电源线

机柜保护地线用来保证基站系统接地良好。基站系统接地良好是基站工作稳定、可靠的基础，是基站防雷击、抗干扰的首要保障。保护地线两端均为OT端子，它需要现场制作、加装，保护地线的外形如图6-2所示。

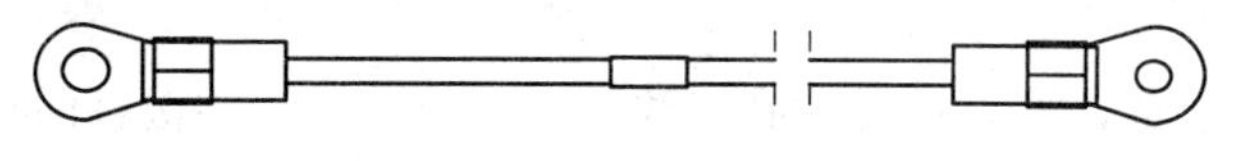

图6-2　保护地线

2. 电源线及地线接头OT端子制作

电源线结构如图6-3所示。

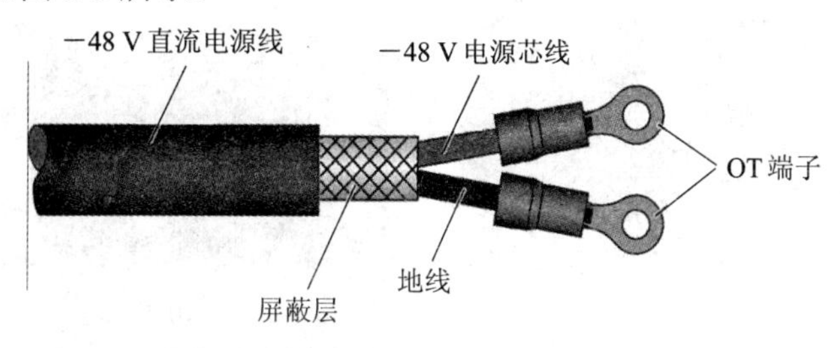

图6-3　电源线结构

(1) 截线。

① 根据工程设计图纸中的电缆布放路由，量取相应长度的电缆；

② 用手工钢锯将电缆锯断，因电缆芯线股数多、较细且材质较软，因此选用细齿(0.8 mm齿径)手工钢锯条为宜。有条件的可选用型号为KT35断线钳进行断线。

(2) 剥线。

① 一般采用气动式电缆剥皮机或专用剥线工具剥线，剥切时不允许损伤芯线。

剥线长度与裸压端子后面压接套筒的长度有关，对于常用的JG型裸压端子，应满足对应关系L1 = L2 + (2 mm～3 mm)，式中L1为剥线长度，L2为JG端子的有效压接区的长度。

② 去除端头部位绝缘层的多股芯线，应将其捻紧，捻线方向与原芯线交合方向一致。

剥线时，应留意电缆芯线是否已严重氧化、腐蚀，若有这种现象，应截去这段电缆，直至电缆芯线的氧化、腐蚀情况消失为止，剥线图如图6-4所示。

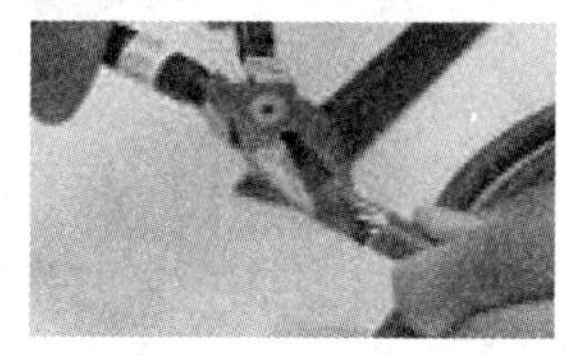

图6-4　剥线

(3) 穿热缩套管。穿热缩套管是指将电缆的热缩套管从电缆剥头端套在电缆上，如图6-5所示。

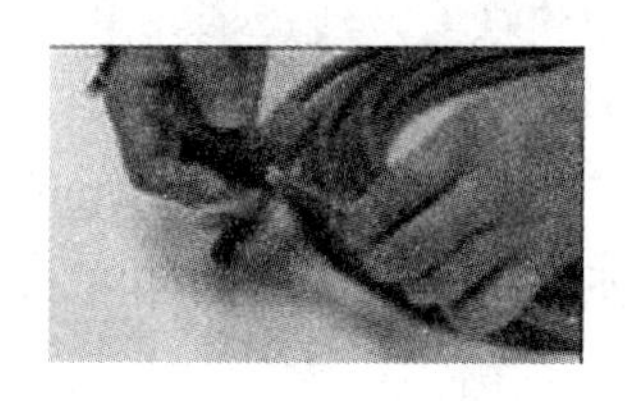
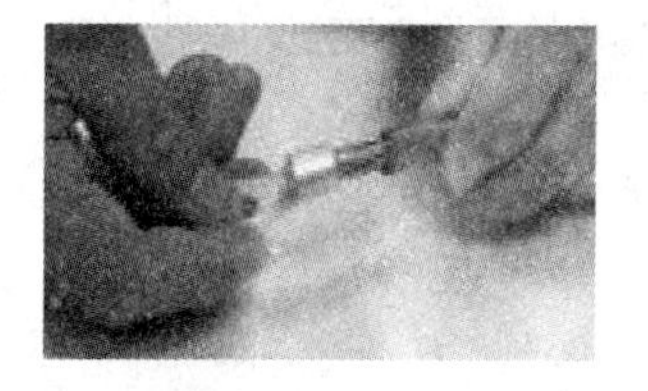

图6-5　穿热缩套管

(4) 压接。

① 应尽力将电缆芯线插进端子压接套筒的线孔内，用木块敲打，使电缆芯线完全进入端子，此时芯线长出端子部分应在 2 mm～3 mm 之间。

② 用压接钳或专用模具压接。

③ 压接接线端子前，先将电缆放到接线位置，使接线端的接触面与电源母线平行。如果不平行，用钢丝钳夹住端子尾端校正。

④ 压接时，选用相应截面。

压接图如图 6-6 所示。

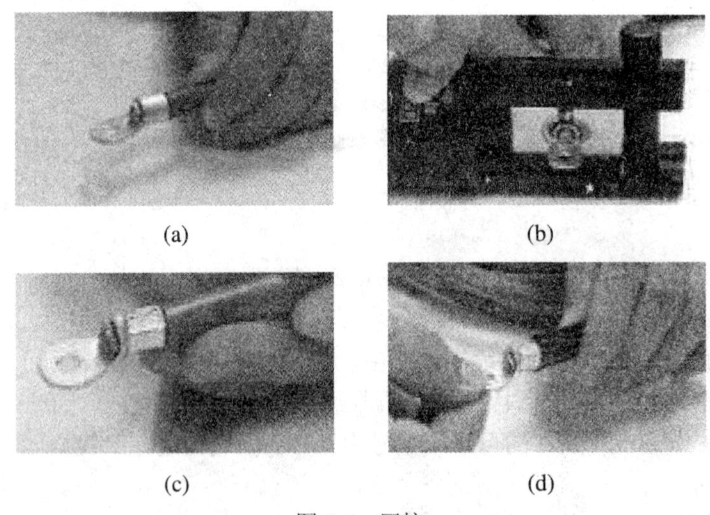

(a)　(b)　(c)　(d)

图 6-6　压接

(5) 吹热缩套管。将热缩套管套在端子与电缆的接口处，用热风枪进行吹缩直至裹紧为止，如图 6-7 所示。

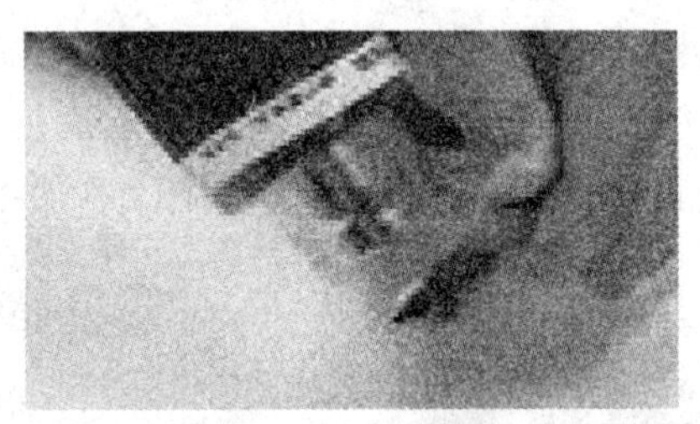

图 6-7　吹热缩套管

热缩套管在电缆上的位置应在包括端子与电缆接口处的前提下，完全包住裸压端子的压接套筒。

若采用绝缘胶带时，绝缘胶带应缠绕两层，缠绕绝缘胶带应采用斜叠加 1/2 绝缘带宽度缠绕，第二层的斜叠加方向与第一层相反，不得将裸线及线鼻柄露出。

(6) 检验。

① 插拔力抽测。50 mm^2 电缆加工成品插拔力标准为 1 kN；95 mm^2 电缆加工成品插拔力标准为 2 kN；120 mm^2 电缆加工成品插拔力标准为 2.5 kN；240 mm^2 电缆加工成品插拔力标准为 5 kN。

② 外观检验：端子表面氧化及电缆外皮损伤，均为不合格产品。

(7) 粘贴标签。在电缆的两端贴上相应的标签，标签粘贴在距端子根部 5 cm 处。标签粘贴如图 6-8 所示。

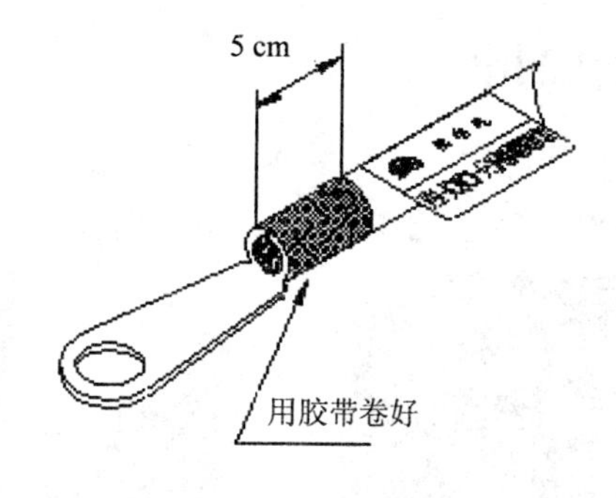

图 6-8　粘贴标签

二、电源线与机柜连接

(1) 将电源线接至机柜上相应的接线柱上。

(2) 固定线鼻时，应注意按规定加普通垫圈及弹簧垫圈，以使线鼻固定牢固，保持可靠、良好的接触，防止松动。具体固定方法如图 6-9 所示。

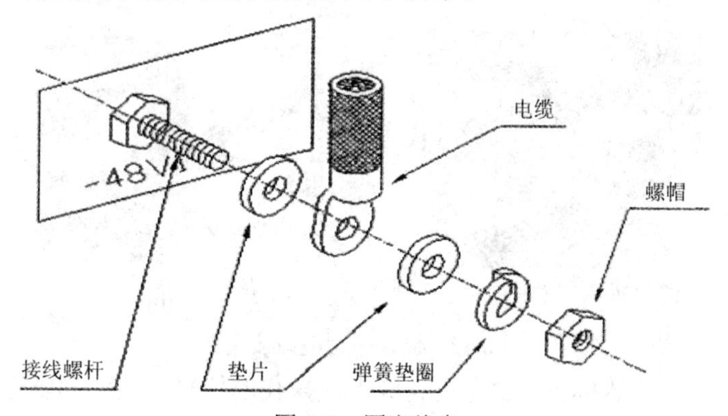

图 6-9　固定线鼻

(3) 线鼻安装时，如需在一个接线柱上安装两根或两根以上的电线电缆时，线鼻一般不得重叠安装，应采取交叉安装或背靠背安装方式。若必须重叠时应将线鼻做 45° 或 90° 弯处理，并且应将较大线鼻安装于下方，较小线鼻安装于上方，此规定适用于所有需要安装线鼻处。具体安装方法如图 6-10 所示。

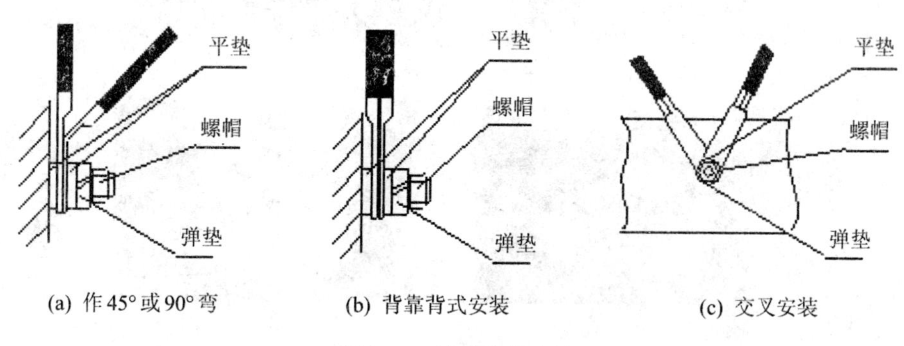

(a) 作45°或90°弯　(b) 背靠背式安装　(c) 交叉安装

图 6-10　线鼻安装方法

(4) 如电源已开通运行，注意活动扳手与螺丝刀不可与机柜其他接线柱相碰(可在活动扳手上缠绝缘胶布)。

三、数字中继电缆接头制作

数字中继电缆接头安装步骤：

(1) 用斜口钳剪齐电缆外导体并露出内导体，检查内导体露出长度，如图 6-11 所示。

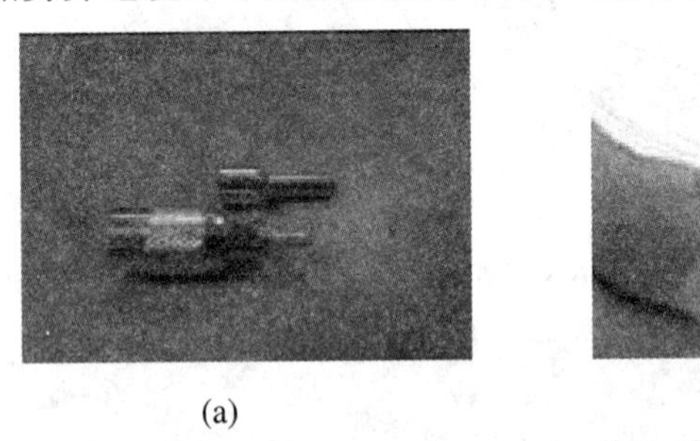

(a)　　(b)

图 6-11　制作中继电缆接头 1

(2) 用直式母型 SMB 连接器量取需要剥线的长度，用专用剥线工具去除合适的电缆外护套，如图 6-12 所示。

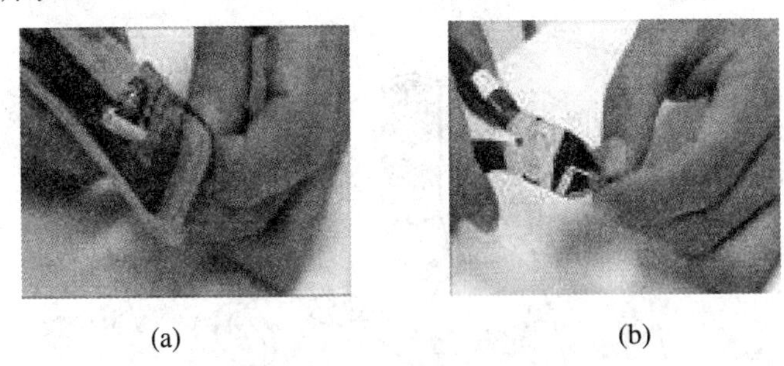

(a)　　(b)

图 6-12　制作中继电缆接头 2

(3) 先将压接套筒套入同轴电缆，将完成剥线操作的同轴电缆和同轴电缆连接器组合到一起，此时电缆的外导体应成“喇叭状”，如图 6-13 所示。

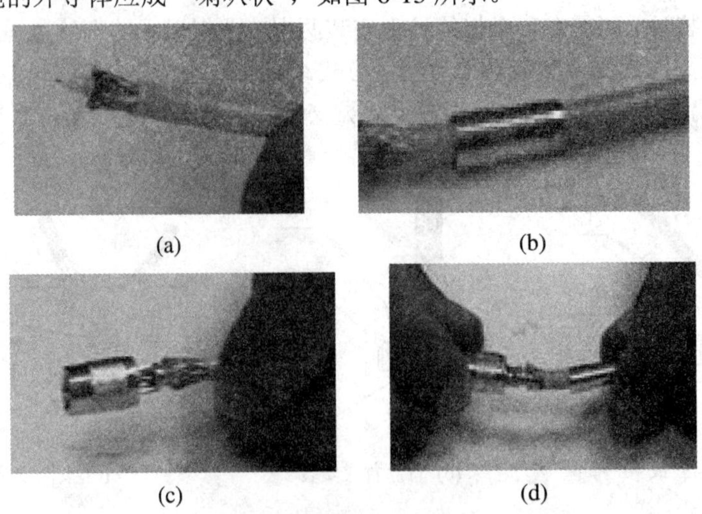

(a)　　(b)

(c)　　(d)

图 6-13　制作中继电缆接头 3

(4) 用电烙铁对同轴连接器的内导体焊接区进行焊接，清除连接器内导体焊接区域内的铜屑和其他杂物，将压接套筒推回同轴连接器，完全覆盖外导体，如图6-14所示。

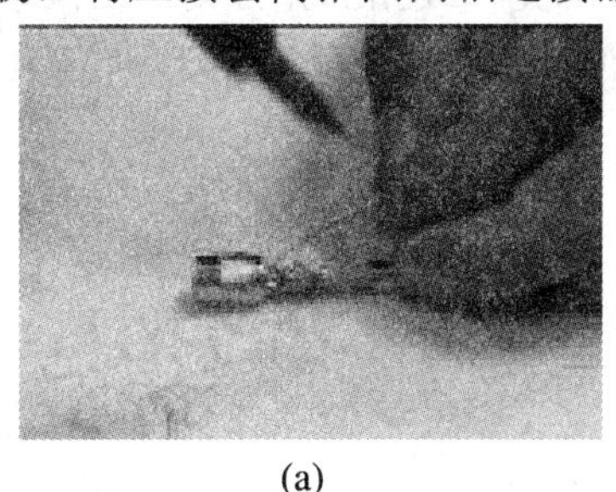

(a)

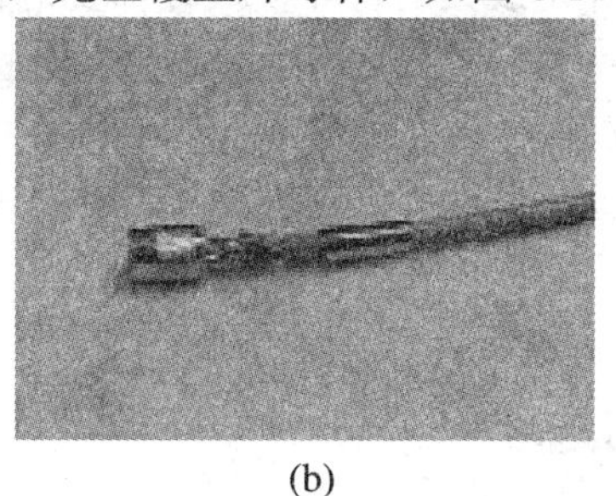

(b)

图6-14　制作中继电缆接头4

(5) 用专用压接工具压接套筒一次压接成型，完成压接后套筒形状应是尾部有1 mm～2 mm的喇叭口的正六方柱体，压接套筒和同轴电缆之间相对不能转动，如图6-15所示。

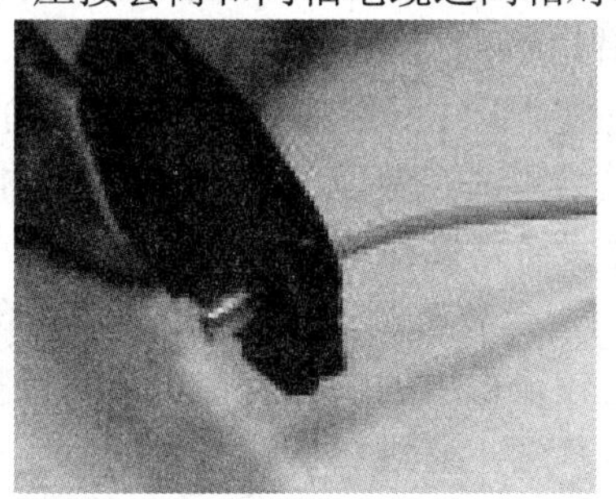

图6-15　制作中继电缆接头5

(6) 制作完中继电缆后，用万用表做导通测试。

制作中继电缆接头的关键工艺为不允许焊接端面有残留铜屑；不允许有铜丝露出压接套筒，否则将其剪掉；剪掉的同轴连接器不能再进行返工。

四、安装与布放原则

电源线及地线的安装与布放应遵循以下原则：

电源线及地线在布放时，应确立与其他电缆分开布放的原则；在架内走线时，应分开绑扎，不得混扎在一束内；在走线槽或地沟等架外走线时也应分别绑扎；电源线及地线从机架两侧固定架内部穿过，并绑扎于固定架外侧内沿，每个固定架均需绑扎。扎带扣应位于固定架外侧。

当电源线及地线连接至架内接线端子时，走线应平直，绑扎整齐，上架时距上线端较远的接线端子所连电线应布放于外侧，距上线端较近的接线端子所连电线应布放于内侧；

在电源线及地线的铺设过程中，应事先精确测量自接线母排至分线盒及分线盒至机柜接线端子的距离，预留足够长度电缆，以防实际铺设时长度不够；如在铺设过程中发现预留长度不够，应停止敷设，重新更换电缆，不得在电缆中做接头或焊点。

五、室内跳线布放、绑扎和贴标签的要求

跳线由机顶至走线架布放时要求平行整齐，无交叉；跳线由走线架内穿越至走线架上方走线时，不得经走线架外翻越；跳线弯曲要自然，弯曲半径以大于20倍跳线直径为宜；

跳线由机顶至走线架段布放时不得拉伸太紧，应松紧适宜；跳线在走线架上走线时要求平行整齐；跳线在走线架的每一横档处都要进行绑扎，线扣绑扎方向应一致，绑扎后的线扣应齐根剪平不拉尖；所有室内跳线必须粘贴标签，标签粘贴在距跳线两端 100 mm 处。

➢ 任务资讯

一、机房选址

为了使所设计的网络达到运营商的要求，适应当地通信环境及用户发展需求，在网络规划时，应根据地形、地物条件，正确地进行基站选址，应配合工程设计人员考虑机房、铁塔、屋顶施工的可行性，考虑天线高度、隔离度、方向对网络质量的影响，设置基站的有关参数(网络层次结构、发射功率、天线类型、挂高、方向、下倾角)，进行覆盖预测和干扰分析，正确地指配频率，使整个无线网络建设达到所要求的质量。

基站选址时一般要进行现场测试。做现场场强测试时，需要在基站位置设置一个简易的测试发射机，然后利用路测设备对基站附近地区的信号场强进行测量。路测设备通常包括一个测试手机、一个 GPS、一台装有测试软件的计算机。结合数字化地图对路测数据进行后台分析，并与理论值相比较，得出的场强差值可为路径损耗参数的调整作出参考。另外，由于现有的网上已有很多基站，通过分析路测数据，还可得出各无线区的边界线。这样做可以在扩容前修正新建站位置、小区范围以及系统结构。

基站选址时对机房条件考虑的主要是天线和设备的安装条件、电源供应、自然环境等。

基站地点的选取对网络的性能和运维影响很大，正确的站点选址是无线网络规划的关键。基站选址时的一项重要工作就是确定机房位置，使基站处于良好的运行环境之中。基站不应选在有剧烈震动和有较强电磁干扰的场所，不宜选在多尘、水雾和存在有害气体、靠近易燃易爆物品及气压低的场所，同时应尽量避开变电所。在进行工程设计时，应根据通信网络规划和通信技术要求进行综合考虑，并结合地质、水文、交通等因素，选择符合基站工程设计要求的地点。

机房内一般安装有基站主设备、电力设备、传输设备和蓄电池等。当基站容量大时，各种设备要分别安装于各自的机房内，对于容量不大的基站，可将以上设备安装在同一机房内，以减少建筑面积和便于维护管理，并采用免维护蓄电池。

一般情况下，基站工作在无人值守的方式下，且基站分布比较分散，所以对基站机房的电源自动控制、温度和湿度的监控、烟雾及火情告警、防盗告警等功能有较高的要求。基站多位于建筑物顶层，机房面积比较小，所以基站的机房结构、供电、空调通风、照明和消防等的工程设计一般比较紧凑。

在基站机房建筑设计要求中，对避雷防护要求比较高。在基站安装工程开始之前，需要将基本避雷设施安装好，以保证工程顺利进行。

基站的房屋建筑结构、采暖通风、供电、照明、消防等项目的工程设计一般由建筑专业设计人员承担，但必须按基站的环境设计要求进行设计，同时应符合环保、消防、人防等有关规定，符合国家现行标准、规范以及特殊工艺设计中有关房屋建筑设计的规定和要求。

用于基站的机房环境控制系统由定时控制、温度监控、防盗告警、烟雾告警和后备电源等部分组成，它能够定时转换两台空调的工作，或根据测量的温度自动调节空调的工作时间和工作方式；能够识别机房内出现的外部入侵、温度过高、交流断电、烟雾和火情发生等情况，经变换处理后外部告警接口将信息传到操作维护中心，通过对基站的远程检测，达到全自动无人值守的目的。

机房的建筑设计应符合国家《建筑设计防火规范》中的规定。

二、基站机房建筑要求

1．机房面积

计算所有设备所占用的面积，加上走线架、馈线窗、机柜间留有必要的通道所需要的面积，并将其作为当前机房所需面积的依据。另外，考虑到通信的发展，机房面积还要留有一定的富余量，至少满足今后五年的发展需求。

2．机房高度

机房最低高度指梁下或风管下的净高度。为便于走线架的安装和电缆、馈线管路的铺设以及其他配套设备的安装，要求基站机房最低高度不低于 3.5 m。

3．机房的地板及承重

机房的地板承重一般应大于 400 kg/m^2，如果机房内需安放免维护蓄电池，则应加大负荷要求，其标准是：当采用 500 A·h 以上的蓄电池时，要求楼板承重大于 450 kg/m^2；当采用 800 A·h 以上的蓄电池时，蓄电池地面负荷要大于 600 kg/m^2；过道、楼梯的负荷标准为 400 kg/m^2，超载系数按 1.4 考虑；机房以外的地方承重应不低于 300 kg/m^2。

为了防止静电的干扰，一般除蓄电池室外，其他机房内要求铺设防静电活动地板或采用导静电地面(水磨石、水泥地板等)。为了安全、美观、方便，地面上所开的走线洞孔一律应覆以盖板。洞孔位置应按设计要求确定，有关尺寸都应力求准确，以免日后装机时发生困难。

4．机房的门窗

机房的门采用高 2 m、宽 1 m 的单扇门即可，要求门和窗必须加防尘橡胶条密封。对于处于阳光直射的窗户，窗户应贴反光纸或采用有色玻璃窗，在光照满足要求的情况下可考虑将窗户做封堵处理。

5．机房的屋顶及墙面处理

机房的屋顶应具有足够的耐久、隔热及防漏性能，平屋顶要以能够上人进行检修的设计原则来考虑。当屋顶上设有天线桅杆和工艺孔洞时，应采取防漏措施，并要考虑这些设施的荷重。穿有电线导线的钢管在屋顶上一定要做成弯管，以防雨水顺着电缆和导线下流。墙面可以刷无光漆，但不宜刷易粉化的涂料。

三、机房的供电要求

1．交流电源要求

交流供电系统包括变电所供给的高压或低压市电、油机发电机供给的自备交流电源以及由整流器、逆变器和蓄电池组成的交流不停电电源、交流配电屏等部分。对交流电源的具体要求如下：

(1) 低压交流电的标称电压为 220/380 V，三相五线，频率为 50 Hz；

(2) 通信设备用交流电供电时，在通信设备的电源输入端子处测量的电压允许变动范围为额定电压值的 +5%～−10%；

(3) 通信电源设备及重要建筑用电设备用交流电供电时，在设备的电源输入端子处测量的电压允许变动范围为额定电压值的 +10%～−15%；

(4) 当市电供电电压不能满足上述规定或通信设备有更高要求时，应采用调压或稳压设备满足电压允许变动范围的要求；

(5) 交流电的频率允许变动范围为额定值的 ±4%，电压波形正弦畸变率应小于或等于 5%。

2．直流配电要求

直流供电系统包括蓄电池、整流器、直流配电和控制盘等。

BTS 按 1～3 小时放电实际计算蓄电池的容量，同时考虑到楼面负荷和该 BTS 所处位置的重要性及信道配置情况，可作适当调整。整流器要有限流和均流装置。整流器的输出电压应能满足蓄电池管理的要求，并要安装直流电压表和电流表。整流器的效率要在 85%以上，功率因数应在 0.8 以上。整流器最好能自然冷却，并可在 0～40℃的条件下满负荷连续工作。

每台控制盘最少能接入两组蓄电池，当有一组蓄电池发生故障脱离供电系统时，另一组蓄电池应能正常供电；电源设备应能达到全自动化，适合无人值守的要求；设备对随机瞬态杂音也有严格要求，它包括外界电磁干扰、本机和地线干扰所造成不正常杂音。

3．备用发电机组

每个中心机房必须配备 1～2 台备用油机发电机。每个 BTS 不必配置专用的备用油机发电机。全网(本地网)需配置 3～4 台移动油机发电车，当 BTS 发生停电时，供临时调动用。同时要求市电与油机能够进行切换。

4．其他情况

(1) 电源设备发生故障或工作情况不正常时，要送出声光告警指示，电源告警信息也应能传递到操作维护中心。

(2) 当供电系统某支路发生短路时，整个配电系统不应受深度电压降低的影响。在起弧过程中的尖峰电压，不应使设备产生故障。

四、机房的照明采光设计要求

机房应避免阳光直射，以防止长期照射引起电路板等元件老化变形。为防日光直射，外窗可贴纸、油漆或封堵。

一般的 BTS 因为长期无人值守，只需保证常用照明(由市电供电的照明系统)即可，机房一般可以采用普通日光灯，但对中心机房或容量较大、影响较大的 BTS，必须安装直流供电的应急照明系统作为备用。

五、机房的空调通风设计要求

1．设备对湿度和温度的要求

根据设备性能要求，在机房内需维持一定范围的湿度和温度。温度过高或过低，都会影响通话质量和设备寿命。若相对湿度长期过高，对设备危害极大。有的绝缘材料在相对湿度过高时，易造成绝缘不良甚至漏电等故障，有时也易发生材料的机械性能变化，设备的各种金属部件还易发生锈蚀现象。

若相对湿度过低，有时会因绝缘垫片干缩而引起紧固螺钉松动。同时，在干燥气候的环境下易产生静电，这会危害设备上的CMOS(可读/写的RAM芯片)电路。若室内温度过高，会使设备可靠性降低，长期高温环境下运行还会影响其寿命，过高的温度还会加速绝缘材料的老化过程。

BTS应严格地在如表6-1所示的温度和湿度下工作。

表6-1　基站工作温度和湿度

温　度		相对湿度	
长期工作条件	短期工作条件	长期工作条件	短期工作条件
15℃～30℃	−5℃～45℃	40%～65%	15%～85%

2．设备发热量计算

设备发热量是空调容量设计的依据，计算机房热量时一般采用如下公式

$$Q = 0.86(UI - W) \quad (\text{kcal/h})$$

式中，Q为设备的发热量；U为直流电源电压(V)；I为忙时平均耗电电流(A)；W为天线端有效辐射功率(W)；0.86为每瓦电能变为热能的换算系数。

3．空调容量

实际的空调容量设计应该根据机房的面积和设备的发热量来计算，计算方法参照有关的工程设计规范书。对于一般的设备，可以选用两台空调设备轮流工作。

六、防干扰保护设计

1．干扰的原因及危害

干扰源包括：输电线路电晕放电形成的干扰；变压器所造成的电磁干扰；各种开关设备所造成的干扰；大型设备操作中引起的电网波形畸变所造成的干扰；射频干扰；地球磁场、外来辐射等自然干扰。

不论是设备或应用系统外部的干扰，还是设备及应用系统内部的干扰，都是以电容耦合、电感耦合、电磁波辐射、公共阻抗(包括接地系统)和导线(电源线、信号线和输出线等)的传导方式对设备产生干扰的。从设备的对外关系来说，干扰是通过输入信号线、输出线、电源线、接地系统和空间电磁波进入的。

随着科学和技术的发展，产生杂散信号的干扰源越来越多，这会影响通信质量，产生串音、杂音等现象，严重时还会影响设备的正常工作，特别是BTS设备受干扰的影响更大。

2．防干扰的措施

当外来噪声超出集成电路的抗干扰容限时，就会引起误动作，使整个设备工作不正常。

把干扰源的干扰完全消除或把干扰源都屏蔽起来，实际上是不可能的，但可以采取如下抑制措施。

(1) 电网中的高频干扰可通过分布电容从电源变压器的初级线圈耦合到次级线圈而造成干扰。对此，除从电源变压器的选用考虑外，可在电源进线处加低通滤波器抑制。

(2) 对电网中瞬变过程所造成的干扰，只要将设备电源改为从主变压器直接引入，再加滤波电容即可抑制这种干扰。

(3) 消除接地系统带来的干扰的关键在于使各种接地不构成回路，包括大地分布电容构成的回路。否则，干扰信号会通过接地系统的公共阻抗的耦合而影响设备的正常工作。

(4) 防止周围环境和电信线路中的电磁干扰，应做好设备的接地、屏蔽和滤波等防干扰措施。

通信电缆在高频电磁场(外来的干扰)的作用下，电缆护套和芯线上会感应出相当大的纵向电压。因为电缆芯线的不对称性，此纵向电压会在芯线的终端形成横向的杂音电压而引起干扰。将电缆护套金属外皮接地后，护套产生了屏蔽作用，纵向电压大大减小，从而抑制了干扰电压。

另外，抑制干扰的有效方法还有：降低干扰源的电压或电流；减少线路长度或导线间距，从而减小受干扰的环路面积；将绝缘的受干扰导线直接放置在接地面；采用专用的接地返回线避免共阻；将信号线和返回线扭绞起来，使局部外界的电磁干扰互相抵消。

七、消防设计要求

根据国家《建筑设计防火规范》中关于“民用建筑的防火间距”的规定，通信建筑作为重点防火单位，其设计耐火等级为二级或一级(高层建筑)，建筑物之间防火间距不少于6 m；当相邻单元建筑物耐火等级为三、四级时，则其间距不少于7 m。

消防设计要求如下：

(1) 机房内严禁存放易燃、易爆等危险品。

(2) 施工现场必须配备有效的消防器材，如安装感烟、感温等告警装置。

(3) 机房内不同电压的插座应有明显标志。

(4) 楼板预留孔洞应配有安全盖板。

机房内除了安装有火灾和烟雾等告警装置外，还可以安装自动灭火器，以便在火情初期扑灭或控制火势。此外，机房外面的过道应设置一定数量的手提灭火器，供火灾初期时使用。

当按消防的规定需要设置消防水池时，其容量应能满足在火灾延续时间内室内外消防用水总量的要求(火灾延续时间按2小时计算)。消防栓不应设在机房内，应设在明显而又易于取用的走廊内或楼梯间附近。

八、防雷接地系统的要求

通常，天线位于室外，架设得比较高，带电的云层会在天线上产生感应电荷。如果天线与大地之间有直流通路，则电荷会通过大地泄放，而不至于积累起来，从而也不会因感应电荷在天线与大地之间产生高电位差而引起放电。在干燥的气候条件下，砂土、雪等与天线的摩擦也会产生静电。

接地有助于减少雷击破坏、静电破坏和人为噪声，所以通信设备进行良好接地是十分重要的。由于接地系统的质量往往是雷击事故发生的关键，因此防雷问题是基站设备安装设计中的一个重要问题。对于山区内孤立山上的基站，雷击事件较为频繁，更应重视防雷接地系统的设计。

无论何种电荷泄放方式所引起的浪涌电流都很大，且持续期很短，频谱很宽，因此天线对地的直流通路不但要求电阻足够低，还必须要求电感量尽可能小；对于普通基站，接地电阻小于或等于5 Ω；对于土壤电阻率较高的基站，接地电阻可设计在10 Ω以下。

基站的接地分为保护接地、工作接地和防雷接地。

1. 机房防雷接地

机房防雷接地主要有下面三种情况：

(1) 利用现有的避雷带。当BTS所在大楼有较可靠的屋顶避雷带、防雷接地及工作接地时，BTS的接地应利用大楼现有的接地装置，但必须测试其接地电阻值。如果测试结果不符合要求，则应增加接地体，使接地电阻满足小于5 Ω的要求。

当大楼的防雷接地与工作接地分设接地体，而且经实际测试防雷接地装置的接地电阻大于工作接地电阻时，应增加接地体，使其阻值降到与工作接地的接地电阻相同或更小一些。天线、天线杆路、馈线及屋顶走线架应与屋顶避雷带做可靠的连接，连接点不能少于两点。

(2) 大楼没有避雷带。当所在大楼没有现成的屋顶避雷带时，应架设一定数量的避雷针，使天线顶端处于避雷针的保护角之下，并同时将避雷针接地线直接引至楼下接地体。

(3) BTS设有天线铁塔。当BTS设有铁塔时，常采用三合一接地系统，即将铁塔、机房与电源引入装置三种接地合设一组接地(即联合接地)，在这种情况下，一般都把整个机房设计在铁塔的避雷保护范围内，机房顶可以不设避雷带，但机房四周仍需埋设一个闭合接地环，使机房的地电位均衡分布和缩短接地引线。

这个闭合接地环与铁塔的均压接地环在地下连接在一起。铁塔的塔脚也应该互相连接起来，然后再多点与均压环相连。天线的同轴电缆必须安装在铁塔体内，以防止大电流贯穿同轴线。接地时需用大截面导体，才能达到电阻低、热容量高、引线电感小、趋肤效应也小的要求。移动通信基站地网示意图如图6-16所示。

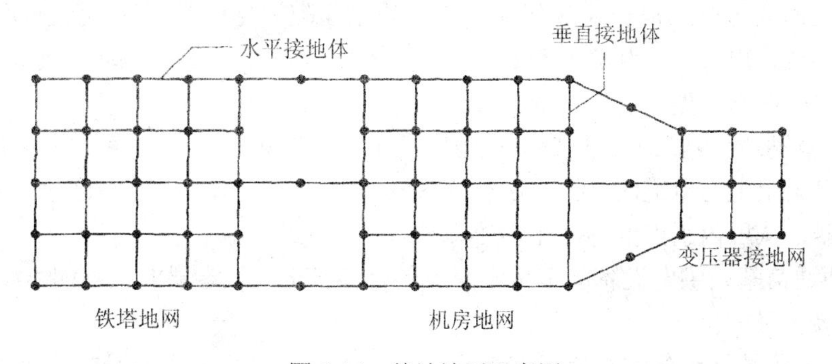

图6-16　基站地网示意图

2. 接地排的防雷接地

接地排一般分为室内接地排和室外接地排。室内接地排通常安装在离 BTS、电源机柜较近且与走线架同高的墙上。室外接地排通常在馈管窗外附近(1 m 内)。

接地排用铜排做成。自接地排至各种设备的连接电缆(称为接地线)要尽量短。最后，室内接地排通过一根单独的黑色接地线引至楼底接地极。室外接地排可用一根黑色接地线(95 mm^2)连接至楼底接地体。

3. 走线架的防雷接地

走线架分为室内走线架和室外走线架，走线架应在设备安装之前安装好。其中室内走线架最终用电缆连接至室内接地排上，室外走线架最终通过钢筋焊在大楼避雷带上，并与天线桅杆焊在一起。走线架接头之间如果没有良好的电气连接，则应增加导线，以加强走线架之间的电气连接。室内走线架与室外走线架应分开，不可相互连接，并且与墙面绝缘。

4. 移动通信设备的防雷与接地

(1) 移动通信基站的交流供电系统应采用三相五线制供电方式。

(2) 移动通信基站宜设置专用电力变压器，电力线宜采用具有金属护套或绝缘护套的电缆，穿钢管埋地，并引入移动通信基站，电力电缆金属护套或钢管两端应就近可靠接地。

(3) 当电力变压器设在站外时，对于地处年雷暴日大于 20 天、大地电阻率大于 100 Ω•m 的暴露地区的架空高压电力线路，宜在其上方架设避雷线，其长度不宜小于 500 m。电力线应在避雷线的 25° 角保护范围内，避雷线(除终端杆外)应每杆做一次接地。

为确保安全，宜在避雷线终端杆的前一杆上增装一组氧化锌避雷器。若已建站的架空高压电力线路防雷改造采用避雷线有困难时，可在架空高压电力线路终端杆及终端杆前第一、第三或第二、第四杆上各增设一组氧化锌避雷器，同时在第三杆或第四杆增设一组高压保险丝。避雷线与避雷器的接地体宜设计成辐射形或环形。

(4) 当电力变压器设在站内时，其高压电力线应采用电力电缆从地下进站，电缆长度不宜小于 200 m，电力电缆与架空电力线连接处三根相线应加装氧化锌避雷器，电缆两端金属外护层应就近接地。

(5) 移动通信基站交流电力变压器高压侧的三根相线应分别就近对地加装氧化锌避雷器，电力变压器低压侧三根相线应分别对地加装无间隙氧化锌避雷器，变压器的机壳、低压侧的交流零线，以及与变压器相连的电力电缆的金属外护层，应就近接地。出入基站的所有电力线均应在出口处加装避雷器。

(6) 进入移动通信基站的低压电力电缆宜从地下引入机房，其长度不宜小于 50 m(当变压器高压侧已采用电力电缆时，低压侧电力电缆长度不限)。电力电缆在进入机房交流屏处，应加装避雷器，从屏内引出的零线不做重复接地。

(7) 移动通信基站供电设备的正常不带电的金属部分、避雷器的接地端，均应做保护接地，严禁做接零保护。

(8) 移动通信基站设备的直流工作地应从室内接地汇集线上就近引接，接地线截面积应满足最大负荷的要求，一般为 35 mm^2～95 mm^2，材料为多股铜线。

(9) 移动通信基站电源设备应满足相关标准、规范中关于耐雷电冲击指标的要求，交流屏、整流器(或高频开关电源)应设有分级防护装置。

(10) 电源避雷器和天馈线避雷器的耐雷电冲击指标等参数应符合相关标准、规范的要求。

5．铁塔的防雷与接地

(1) 移动通信基站铁塔应有完善的防直击雷及二次感应雷的防雷装置。

(2) 移动通信基站铁塔采用太阳能塔灯。对于使用交流电馈电的航空标志灯，其电源线应采用具有金属外护层的电缆，电缆的金属外护层应在塔顶及进机房入口处的外侧就近接地。塔灯控制线及电源线的每根相线均应在机房入口处分别对地加装避雷器，零线应直接接地。

6．天馈线系统的防雷与接地

(1) 移动通信基站天线应在接闪器的保护范围内，接闪器应设置专用雷电流下引线，材料宜采用 40 mm × 4 mm 的镀锌扁钢。

(2) 基站同轴电缆馈线的金属外护层应在上部、下部和经走线架进机房入口处就近接地，在机房入口处的接地应就近与地网引出的接地线妥善连通。当铁塔高度大于或等于 60 m 时，同轴电缆馈线的金属外护层还应在铁塔中部增加一处接地。

(3) 同轴电缆馈线进入机房后，与通信设备连接处应安装馈线避雷器，以防来自天馈线引入的感应雷。馈线避雷器接地端子应就近引接到室外馈线入口处接地线上。选择馈线避雷器时，应考虑阻抗、衰耗、工作频段等指标与通信设备相适应。

7．信号线路的防雷与接地

(1) 信号电缆应由地下进出移动通信基站，电缆内芯线在进站处应加装相应的信号避雷器，避雷器和电缆内的空线对均应做保护接地。站区内严禁布放架空缆线。

(2) 对于地处年雷暴日大于 20 天、大地电阻率大于 100 Ω · m 地区的新建信号电缆，宜采取在电缆上方布放排流线或采用有金属外护套的电缆，亦可采用光缆，以防雷击。

8．其他设施的防雷与接地

(1) 移动通信基站的建筑物应有完善的防直击雷及抑制二次感应雷的防雷装置(避雷网、接闪器等)。

(2) 机房顶部的各种金属设施均应分别与屋顶避雷带就近连通。机房屋顶的彩灯应安装在避雷带下方。

(3) 机房内走线架、吊挂铁架、机架或机壳、金属通风管道、金属门窗等均应做保护接地。保护接地引线一般宜采用截面积不小于 35 mm^2 的多股铜线。

九、机房环境控制系统的要求

机房环境控制系统由定时控制、温度监控、防盗告警、烟雾告警和后备电源等部分组成。

机房环境控制系统能够定时转换两台空调的工作或根据测量的温度自动调节空调的工作时间和工作方式，能够识别机房内出现的外部入侵、温度过高、交流断电、烟雾和火情发生等情况，变换处理后经外部告警接口将信息传到操作维护中心，通过对各个机房的远程检测，达到全自动无人值守的目的。其基本功能如表 6-2 所示。

表 6-2　机房环境控制系统的基本功能

项　目	功　　能
定时控制	根据机房情况设定时间，系统能够控制空调定时转换器，从而自动转换两台空调的工作，使之能单台独立或轮流工作，以达到节能和延长空调寿命的目的
温度监控	实时检测环境温度，超过设定温度极限时发出告警信号，并能自动接通两台空调同时工作
防盗告警	实时检测机房有无盗情
烟雾告警	实时检测机房有无烟雾告警
供电和备用电源控制	(1) 自动充电，当电池检测电路检测到电量不足时，系统进入自动充电状态； (2) 充电保护，当电源异常或充电电流过大时，对电池进行保护； (3) 放电保护，与电池下降到有损电池寿命时，切断负载； (4) 停电后自动进入电池供电状态，当再次来电时亦能自动转换为市电供电，并自动进入电池充电状态，以全面补充停电时电池释放的能量

➢ 任务评价

室内线路安装任务评价单

姓名：	自　评 (10%)	班　组 (30%)	教师评分 (60%)
线缆接头制作技能(满分 50 分)			
测量技能(满分 20 分)			
态度(满分 30 分)			
小计			
总分(满分 100 分)			

任务 6 附注

评价标准及依据

评价指标	评 价 标 准	评价依据	权重	得分
线缆接头制作技能	1．正确使用工具； 2．按规范要求制作电源线接头、数字中继电缆接头	操作过程、制作的产品	50%	100
测量技能	正确使用仪表测量判断接头制作的好坏	测量检查操作	20%	
态度	1．工作态度主动认真细致； 2．制作过程规范、安全； 3．小组团结协作； 4．爱护工具、仪表	操作工作过程、制作的产品	30%	

项目三

天馈系统安装调测

任务 7　天线安装调测

任务下达

你是某通信工程公司的工程师，你公司承接了 N 市 A 区的 3G 移动基站工程安装项目。

现在需要安装基站室外天馈设备。你的任务是组装、测量天线，按要求安装并调整。开始工作吧！

➢ 任务目标

知识目标	1. 熟悉天线结构、性能及参数； 2. 了解电波转播机制； 3. 掌握天线施工流程； 4. 掌握天线施工规范； 5. 熟悉施工安全规定
技能目标	1. 能正确使用安装工具、测量仪表； 2. 能安装天线，并调试方向角、俯仰角； 3. 能识别不同类型天线； 4. 能够测量天线性能参数
态度目标	1. 良好的职业道德； 2. 良好的安全意识、严谨的工作态度； 3. 良好的沟通能力与团结协作精神

➢ 任务情境

■ 工作安排

(1) 按图纸组装板状的有向天线。
(2) 测量天线驻波比。
(3) 按要求将天线安装在抱杆上。
(4) 测量、调试天线的方向角、俯仰角。
(5) 识别多种天线。
(6) 4 人一组，由组长负责，分工合作。

■ 需用材料

板状的有向天线及附属设备、多种类型天线。

■ 工具仪表

扳手、螺丝刀、梯子、驻波比测量仪、罗盘、角度仪。

任务提醒：

(1) 戴安全帽，穿工作服，穿防滑鞋，必要时戴手套。
(2) 小心登高，梯上注意安全。
(3) 爱护工具仪表。

■ 附：施工注意事项

(1) 基站天线系统的安装、维护要求有技术的合格人员来完成。
(2) 在安装前，需阅读操作说明，按照装配步骤，逐步进行。
(3) 不能在电力线附近安装天线，这可能危及生命安全。在安装过程中，远离电线。
(4) 安装天线不能使用金属梯子。
(5) 高空作业须系牢安全带，戴安全帽。
(6) 穿鞋底带有微小橡胶凸起的鞋子，戴橡胶手套，穿夹克衫和长袖衬衫。
(7) 严禁在潮湿、阴雨、刮大风、打雷闪电的情况下进行安装测试工作。
(8) 在安装过程中，确保基站发射机断开。采取预防参数，确保在设备安装过程中发射机不启动。
(9) 在安装每个部件时，严格遵守相应的注意事项。
(10) 基站天线系统每年需由合格人员检查一次，以检查安装、维护、设备状态是否良好。

➢ 任务向导

一、天线组装

天线组装的步骤如图 7-1 所示。具体步骤为：① 组装支架；② 安装上支架到天线；③ 安装下支架到天线。

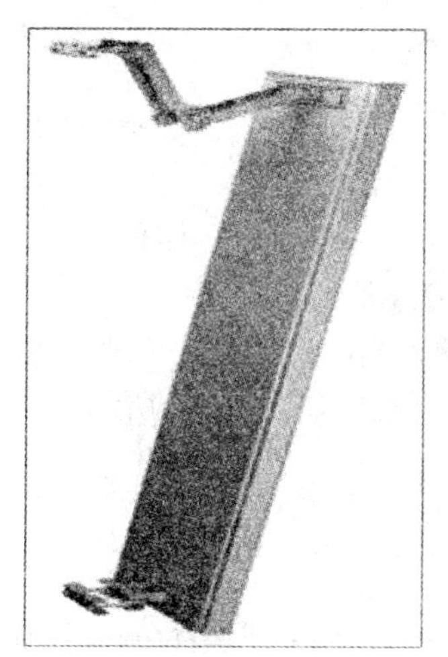

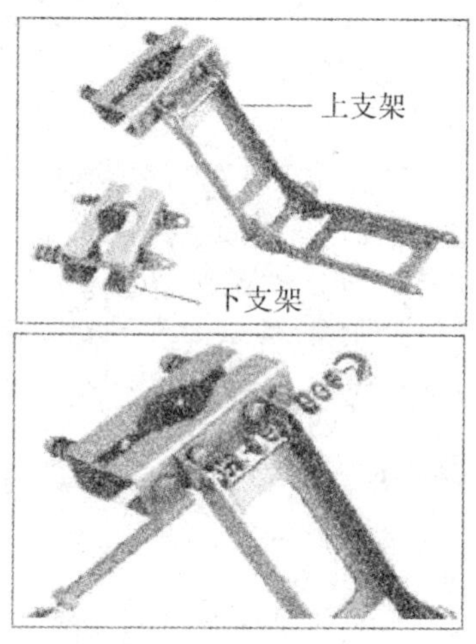

(a) 组装支架

(b) 安装上支架到天线

(c) 安装下支架到天线

图 7-1　天线组装步骤

天线组装的关键工艺如下：

① 现场组装天线时，应严格参照供应商提供的附件装配图纸，将各附件安装到相应位置；

② 天线与天线支架的连接可靠牢固。

二、安装天线至抱杆并调整方位角

安装天线至抱杆，调整方位角的步骤如下：

① 安装天线至抱杆。天线应在避雷针保护区域内(避雷针保护区域是避雷针顶点下倾 45° 范围内)。安装天线至抱杆时，暂不要把上、下支架的螺丝拧紧，以便于调整天线方位角度。但也不能过松，要保证天线不会向下滑落，如图 7-2(a)所示。

(a) 安装天线至抱杆

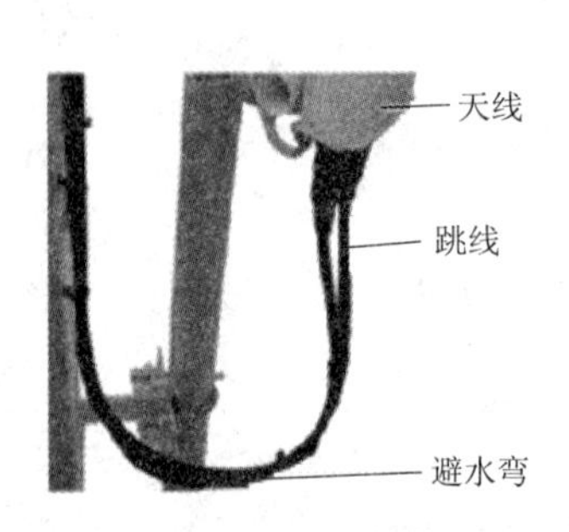

(b) 制作跳线避水弯

(c) 调整方位角

图 7-2　安装天线至抱杆并调整方位角

② 制作跳线避水弯。制作避水弯时，跳线弯曲半径要大于跳线直径的 20 倍，跳线要在抱杆上进行多处绑扎固定。跳线避水弯如图 7-2(b)所示。

③ 调整方位角。应配合指南针，左右扭动天线，直至方位角满足要求。天线方位角调整好后，拧紧上、下支架的螺丝。调整方位角示意图如图 7-2(c)所示。

三、调整下倾角

调整下倾角的步骤如下：

(1) 用天线上支架的刻度盘调整下倾角时，前后扭动天线，直至对准刻度盘上的相应刻度，如图 7-3 所示。

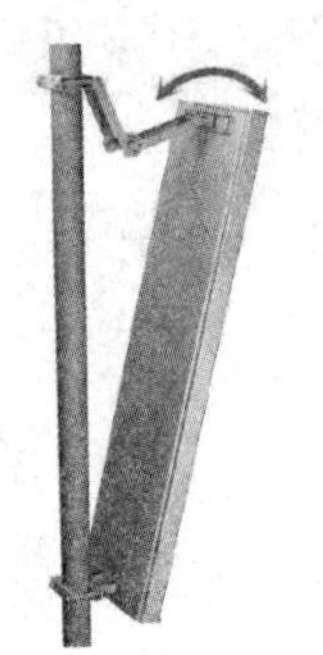

图 7-3　调整下倾角 1

(2) 将倾角仪的倾角调到工程设计要求的角度，贴在天线背面，前后扭动天线，直至倾角仪的水珠水平居中，如图 7-4 所示。

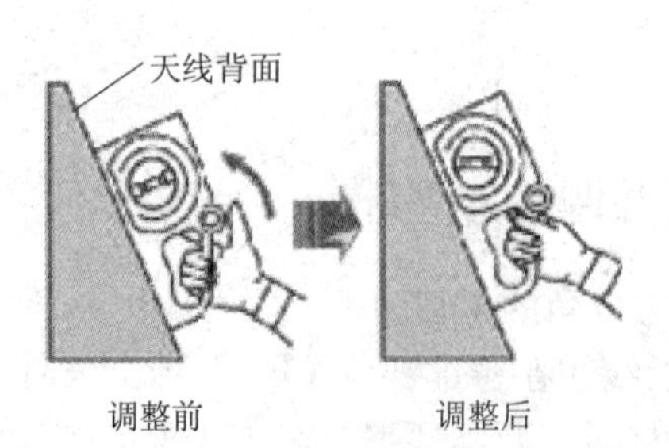

图 7-4　调整下倾角 2

(3) 如安装的是电调天线，则应旋转天线齿轮，如图 7-5 所示。

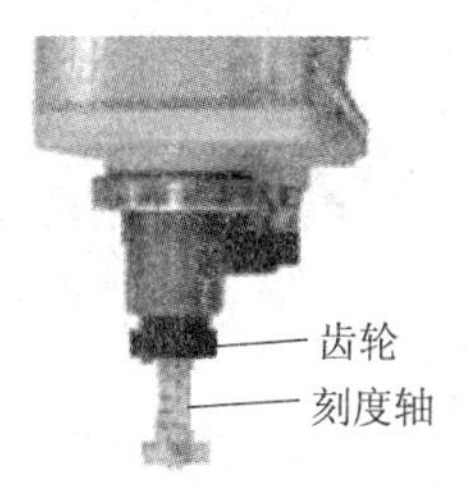

图 7-5　天线齿轮

四、安装室外 GPS 天线

安装室外 GPS 天线的步骤如图 7-6 所示。

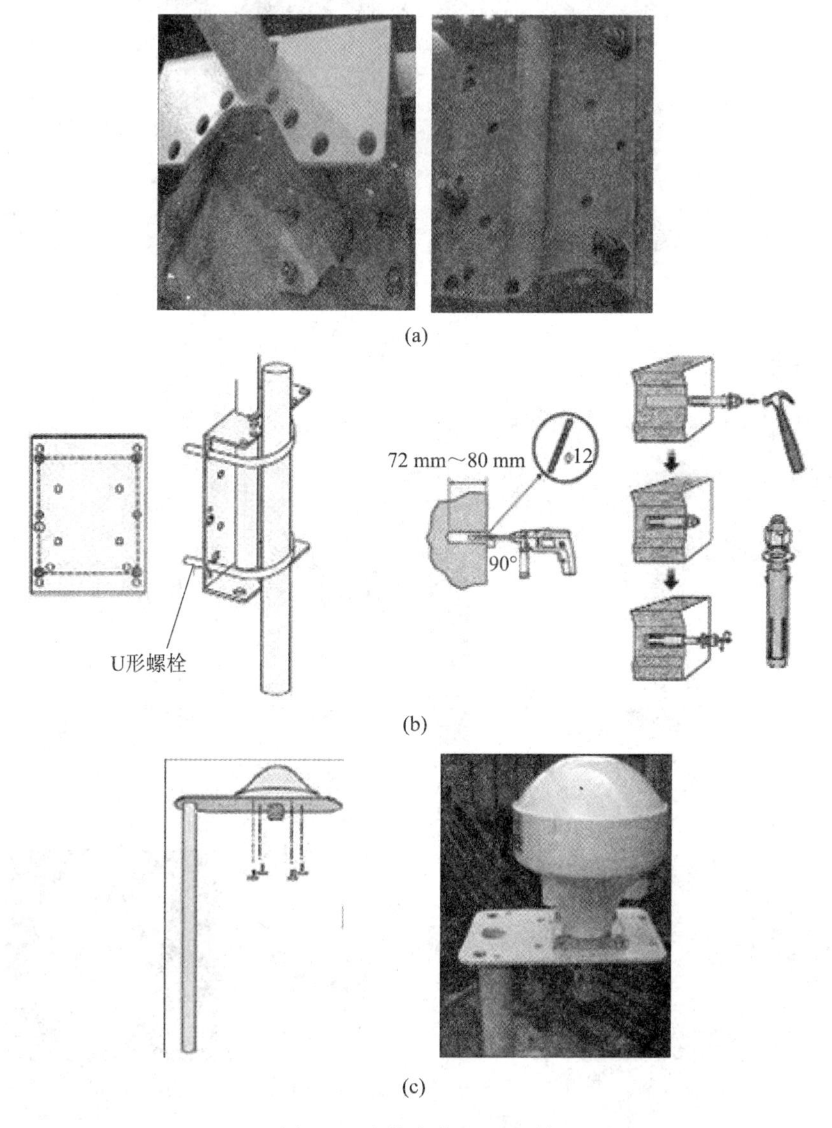

图 7-6　安装室外 GPS 天线

(1) 将天线支架底座放在水泥地面上，用记号笔标记下安装孔的位置，使用钻头在标记处打孔。

(2) 安装 M10×80 拉爆膨胀螺栓，并固定底座。

(3) 卸下天线底座及底座下方的 4 个螺钉，将天线底部接头插托架中间天线插孔。

(4) 用卸下的 4 个螺钉将天线固定在托架上。

安装室外 GPS 天线的关键工艺如下：

(1) GPS 天线应在避雷针保护区域内(避雷针顶点下倾 45° 范围内)；

(2) 安装时应使金属底座保持水平，可用垫片予以修正；

(3) GPS 天线支架安装稳固，天线垂直张角 90° 范围内无遮挡。

安装效果如图 7-7 所示。

图 7-7　室外 GPS 天线的安装效果

五、天线示例

各种天线示例如图 7-8 所示。

(a) GSM、CDMA 用板状天线

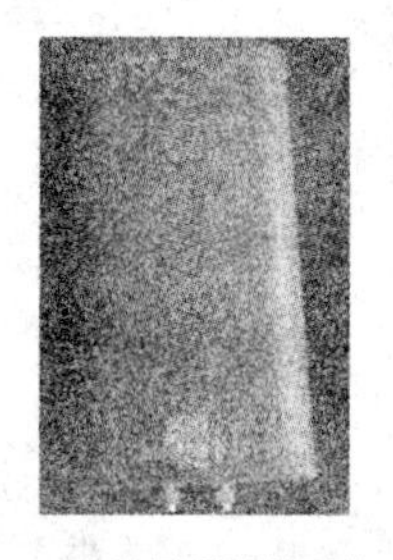

(b) 小灵通用板状天线

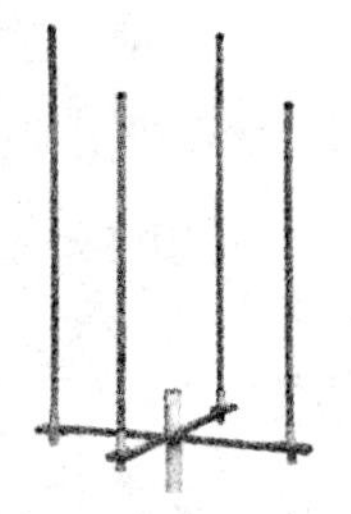

(c) 小灵通用圆形阵列天线

(d) 内部为平面线阵的美化天线

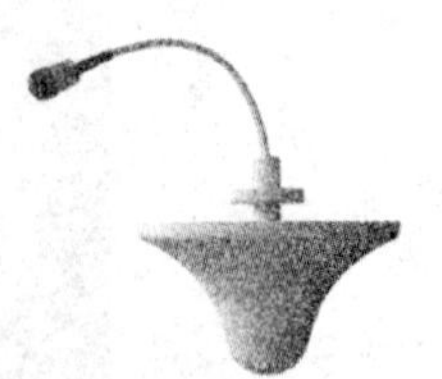
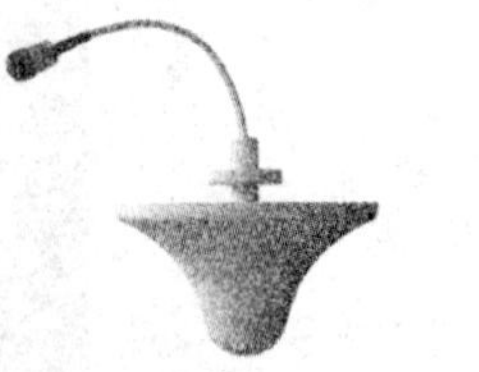

(e) 常用在室内的吸顶天线

(f) 微波天线

图 7-8　各种天线示例

➢ 任务资讯

一、分集接收技术

移动通信接收点所接收到的信号场强是随机起伏变化的，称为衰落。衰落是影响通信质量的主要因素。

快衰落的深度可达 30 dB～40 dB，利用加大发射功率(1000～10 000 倍)来克服这种深衰落是不现实的，而且会造成对其他电台的干扰。分集接收是抗衰落的一种有效措施。

移动通信常用空间分集或极化分集方式。此外，CDMA 系统采用路径分集技术(即 RAKE 接收)，TDMA 系统采用自适应均衡技术，各种移动通信系统使用不同的纠错编码技术、自动功率控制技术等，都能起到抗衰落作用，提高通信的可靠性。

1．分集接收

分集接收技术是克服衰落，大幅度地改进无线通信性能的技术。分集接收是指接收端接收多个衰落特性互相独立(携带同一信息)的信号，按一定规则合并起来，以降低信号电平起伏的办法。

分集有两重含义：一是分散传输，使接收端能获得多个统计独立的、携带同一信息的衰落信号；二是集中处理，即接收机把收到的多个统计独立的衰落信号进行合并(包括选择与组合)以降低衰落的影响。

2．分集方式

在移动通信系统中可能用到两类分集方式：一类称为宏分集；另一类称为微分集。

宏分集主要用于蜂窝通信系统中，也称为“多基站”分集。这是一种减小慢衰落影响的分集技术，其作法是把多个基站设置在不同的地理位置上(如蜂窝小区的对角上)，并使其在不同的方向上，这些基站同时和小区内的一个移动台进行通信(可以选用其中信号最好的一个基站进行通信)。显然，只要在各个方向上的信号传播不是同时受到阴影效应或地形的影响而出现严重的慢衰落(基站天线的架设可以防止这种情况发生)，这种办法就能保持通信不会中断。

微分集是一种减小快衰落影响的分集技术，在各种无线通信系统中都经常使用。理论和实践都表明，在空间、频率、极化、场分量、角度及时间等方面分离的无线信号，都呈现互相独立的衰落特性。微分集又可分为下列六种。

(1) 空间分集。空间分集的依据在于快衰落的空间独立性，即在任意两个不同的位置上接收同一个信号，只要两个位置的距离大到一定程度，则两处所收信号的衰落是不相关的。为此，空间分集的接收机至少需要两副相隔距离为 d 的天线。间隔距离 d 与工作波长、地物及天线高度有关，d 越大，相关性就越弱。

(2) 频率分集。由于频率间隔大于相关带宽的两个信号所遭受的衰落可以认为是不相关的，因此可以用两个以上不同的频率传输同一信息，以实现频率分集。频率分集需要用两部以上的发射机同时发送同一信号，并用两部以上的独立接收机来接收信号。它不仅使设备复杂，而且在频谱利用方面也很不经济。

(3) 极化分集。如果极化平面上把接收天线隔开 90°，就可得到极化分集。这两个接收天线可以合成同一天线单元体内。这意味着每个扇区只需两个天线，一个接收天线和一个发射天线。如果利用双工器，则每个扇区只需要一个天线。由于使用较少硬件，基站的获得和安装将更容易。

由于两个不同极化的电磁波具有独立的衰落特性，因而发送端和接收端可以用两个位置很近但为不同极化的天线分别发送和接收信号，以获得分集效果。

极化分集可以看成空间分集的一种特殊情况，它也要用两副天线(二重分集情况)，但仅仅利用了不同极化的电磁波所具有的不相关衰落特性，因而缩短了天线间的距离。

在极化分集中，由于射频功率分给两个不同的极化天线，因此发射功率要损失 3 dB。

(4) 场分量分集。由电磁场理论可知，电磁波的 E 场和 H 场载有相同的消息，而反射机理是不同的。因此，通过接收三个场分量，也可以获得分集的效果。场分量分集适用于较低工作频段(例如低于 100 MHz)。

(5) 角度分集。角度分集的做法是使电波通过几个不同路径，并以不同角度到达接收端，而接收端利用多个方向性尖锐的接收天线能分离出不同方向来的信号分量；由于这些分量具有互相独立的衰落特性，因而可以实现角度分集并获得抗衰落的效果。角度分集在较高频率时容易实现。

(6) 时间分集。快衰落除了具有空间和频率独立性之外，还具有时间独立性，即同一信号在不同的时间区间多次重发，只要各次发送的时间间隔足够大，那么各次发送信号所出现的衰落将是彼此独立的，接收机将重复收到的同一信号进行合并，就能减小衰落的影响。

时间分集主要用于在衰落信道中传输数字信号。此外，时间分集也有利于克服移动信道中由多普勒效应引起的信号衰落现象。它的衰落速率与移动台的运动速度及工作波长有关，时间分集对静止状态的移动台无助于减小此种衰落。

3. 合并方式

接收端收到 M(M≥2)个分集信号后，如何利用这些信号以减小衰落的影响，这就是合并问题。一般均使用线性合并器，把输入的 M 个独立衰落信号相加后合并输出。

常用的合并方式有以下三种。

(1) 选择式合并。选择式合并是指检测所有分集支路的信号，以选择其中信噪比最高的那一个支路的信号作为合并器的输出。两个支路的中频信号分别经过解调，然后进行信噪比比较，选择其中有较高信噪比的支路接到接收机的共用部分。

选择式合并又称开关式相加。这种方式方法简单，实现容易，但由于未被选择的支路信号弃之不用，因此抗衰落不如后述两种方式。

(2) 最大比值合并。最大比值合并是一种最佳的合并方式。这种方法把每一个支路的信号加权后合并，支路的加权系数与信号包络成正比而与噪声功率成反比。也就是说，让包络越大、噪声功率越小的信号，在合并输出中占有越大的比重。最大比值合并方式输出的信噪比等于各个支路信噪比之和，所以，即使当各路信号都很差时，采用最大比值合并方式仍能解调出所需的信号。

(3) 等增益合并。等增益合并无需对各个支路信号加权，各个支路的信号是等增益相加的。这种方式的实现比较简单，其性能只比最大比值合并方式差一些，但比选择式合并方式性能要好很多。主要是因为选择式合并只利用了所有支路中的一条支路的信号，其余支路的信号都舍弃了，而最大比值合并和等增益合并把各个支路的信号的能量都利用到了。

二、天线的基本知识

基站天馈系统是移动基站的重要组成部分，空间无线信号的发射和接收都是依靠天线来实现的。基站天线是移动通信网络与用户手机终端空中无线连接的设备。它主要完成下列功能：对来自发信机的射频信号进行传输、发射，建立基站到移动台的下行链路；对来自移动台的上行信号进行接收、传输，建立移动台到基站的上行链路。

在移动通信系统中，空间无线信号的发射和接收都是依靠移动天线来实现的。因此，天线对于移动通信网络来说，起着举足轻重的作用，如果天线的选择(类型、位置)不好，或者天线的参数设置不当，都会直接影响整个移动通信网络的运行质量。尤其在基站数量多，站距小，载频数量多的高话务量地区，天线选择及参数设置是否合适，对移动通信网络的干扰，覆盖率接通率及全网服务质量都有很大影响。不同的地理环境，不同服务要求需要选用不同类型，不同规格的天线。天线调整在移动通信网络优化工作中有很大的作用。

1．天线的原理

天线是能量置换设备，是无源器件，用来辐射或接收无线电波，辐射时将高频电流转换为电磁波，将电能转换为电磁能；接收时将电磁波转换为高频电流，将电磁能转换为电能。

基本电磁理论：变化的电场产生变化的磁场；变化的磁场产生变化的电场。

两条距离很近的平行导线，同一时刻流过两根导线相对段的电流总是大小相等方向相反时，它们中间的电流在周围空间形成的电磁场会互相抵消，不会传播到远处。

我们把有限长度平行长线的两条导线向两边张开，就成为偶极天线。载有交变电流时，产生辐射，并传播到远处，天线辐射原理如图 7-9 所示。

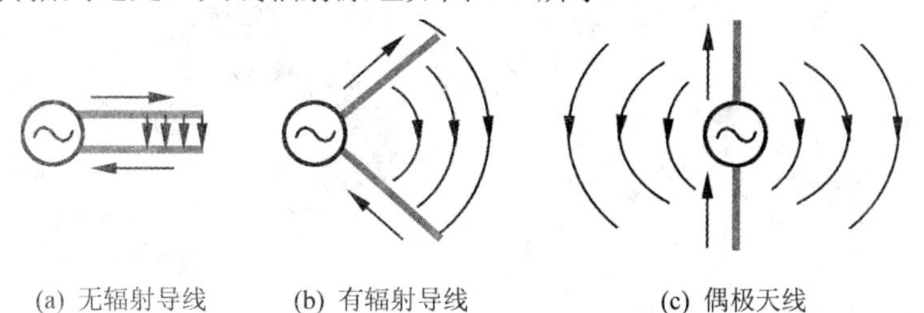

(a) 无辐射导线　(b) 有辐射导线　(c) 偶极天线

图 7-9　天线辐射原理图

2．天线性能的主要参数

1) 天线的输入阻抗

天线的输入阻抗是天线馈电端输入电压与输入电流的比值。天线与馈线的连接，最佳情形是天线输入阻抗是纯电阻且等于馈线的特性阻抗，这时馈线终端没有功率反射，馈线上没有驻波，天线的输入阻抗随频率的变化比较平缓。天线的匹配工作就是消除天线输入阻抗中的电抗分量，使电阻分量尽可能地接近馈线的特性阻抗。匹配的优劣一般用四个参数来衡量即反射系数，行波系数，驻波比和回波损耗，四个参数之间有固定的数值关系，使用哪一个纯出于习惯。在基站日常维护中，用得较多的是驻波比和回波损耗。一般移动通信天线的输入阻抗为 50 Ω。

(1) 驻波比。它是行波系数的倒数，其值为 1～∞。驻波比为 1，表示完全匹配；驻波比为无穷大表示全反射，完全失配。在移动通信系统中，一般要求驻波比小于 1.5，但实际应用中驻波比应小于 1.2。过大的驻波比会减小基站的覆盖并造成系统内干扰加大，影响基

站的服务性能。驻波比的计算公式为

$$驻波比\ VSWR=\frac{\sqrt{发射功率}+\sqrt{反射功率}}{\sqrt{发射功率}-\sqrt{反射功率}}$$

(2) 回波损耗。它是反射系数绝对值的倒数，以分贝值表示。反射系数是反射波电压与入射波电压之比。回波损耗的值在 0 dB 到无穷大之间，回波损耗越大表示匹配越差，回波损耗越大表示匹配越好。0 表示全反射，无穷大表示完全匹配。在移动通信系统中，一般要求回波损耗大于 14 dB。

2) 天线的极化方式

天线的极化，就是指天线辐射时形成的电场强度方向。当电场强度方向垂直于地面时，此电波就称为垂直极化波；当电场强度方向平行于地面时，此电波就称为水平极化波。在移动通信系统中，一般均采用垂直极化的传播方式。

另外，随着新技术的发展，又出现了一种双极化天线。就其设计思路而言，一般分为垂直与水平极化和 ±45° 极化两种方式，性能上一般后者优于前者，因此目前大部分采用的是 ±45° 极化方式。双极化天线组合了+45° 和−45° 两副极化方向相互正交的天线，并同时工作在收发双工模式下，大大节省了每个小区的天线数量；同时由于 ±45° 为正交极化，有效保证了分集接收的良好效果。天线的极化方式如图 7-10 所示。

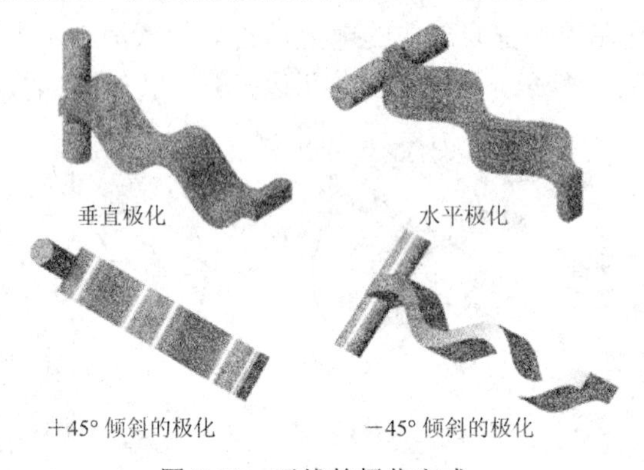

图 7-10　天线的极化方式

3) 天线的增益

天线增益是用来衡量天线朝一个特定方向收发信号的能力，它是选择基站天线最重要的参数之一。一般来说，增益的提高主要依靠减小垂直面向辐射的波瓣宽度，而在水平面上保持全向的辐射性能。天线增益对移动通信系统的运行质量极为重要，因为它决定蜂窝边缘的信号电平。增加增益就可以在一确定方向上增大网络的覆盖范围，或者在确定范围内增大增益余量。表征天线增益的参数有 dBd 和 dBi，dBi = dBd + 2.15。dBi 是相对于点源天线的增益，在各方向的辐射是均匀的；dBd 是相对于对称阵子天线的增益。相同的条件下，增益越高，电波传播的距离越远。一般地，GSM 定向基站的天线增益为 18 dBi，全向的为 11 dBi。

4) 天线的波瓣宽度

波瓣宽度是定向天线常用的一个很重要的参数，它是指天线的辐射图中低于峰值 3 dB 处所成夹角的宽度(天线的辐射图是度量天线各个方向收发信号能力的一个指标，通常以图形方式表示为功率强度与夹角的关系)。

天线垂直的波瓣宽度一般与该天线所对应方向上的覆盖半径有关。因此，在一定范围内通过对天线垂直度(俯仰角)的调节，可以达到改善小区覆盖质量的目的，这也是我们在网络优化中经常采用的一种手段。天线的波瓣宽度如图 7-11 所示。

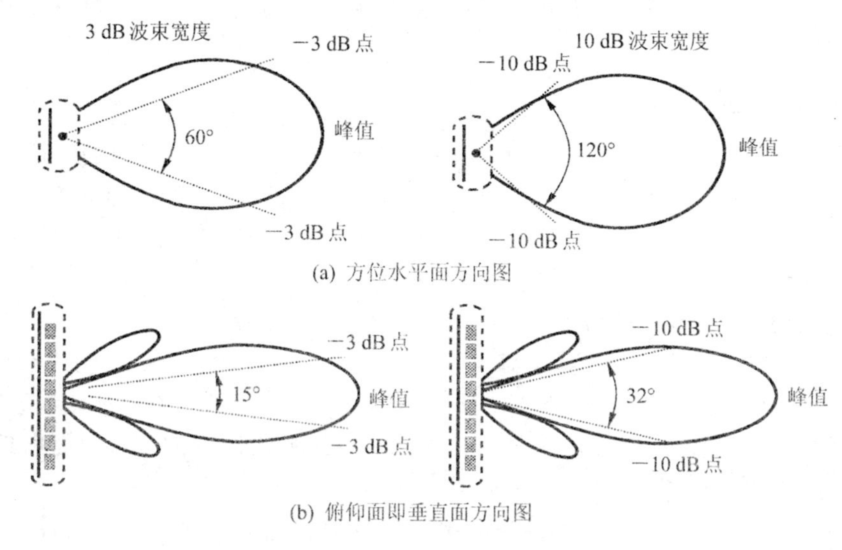

图 7-11　天线波瓣宽度

5) 前后比(Front-Back Ratio)

前后比表明天线对后瓣抑制的好坏。选用前后比低的天线，天线的后瓣有可能产生越区覆盖，导致切换关系混乱，产生掉话。一般在 25 dB～30 dB 之间。天线前后比如图 7-12 所示。

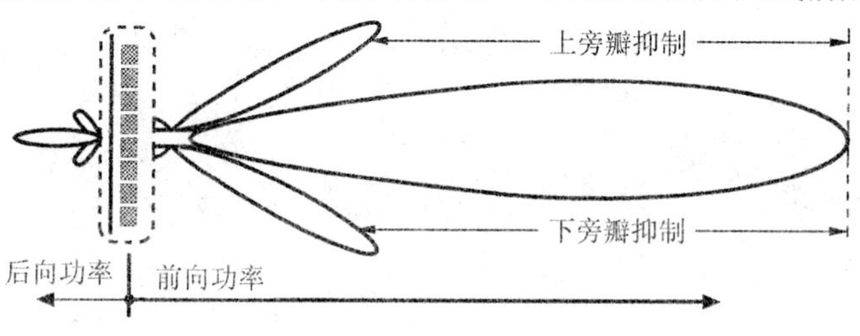

图 7-12　天线前后比

3. 天线的分类与选择

(1) 全向天线。全向天线，即在水平方向图上表现为 360° 都均匀辐射(也就是平常所说的无方向性)，在垂直方向图上表现为有一定宽度的波束。一般情况下，波瓣宽度越小，增益越大。全向天线在移动通信系统中一般应用于郊县大区制的站型，覆盖范围大。

(2) 定向天线。定向天线，即在水平方向图上表现为一定角度范围辐射(也就是平常所说的有方向性)，在垂直方向图上表现为有一定宽度的波束。同全向天线一样，波瓣宽度越小，增益越大。定向天线在移动通信系统中一般应用于城区小区制的站型，其覆盖范围小，用户密度大，频率利用率高。

(3) 机械天线。机械天线，指使用机械调整下倾角度的移动天线。

机械天线与地面垂直安装好以后，如果因网络优化的要求，需要调整天线背面支架的位置改变天线的倾角来实现。在调整过程中，虽然天线主瓣方向的覆盖距离明显变化，但天线垂直分量和水平分量的幅值不变，所以天线方向图容易变形。

实践证明，机械天线的最佳下倾角度为1°～5°；在日常维护中，如果要调整机械天线下倾角度，整个系统要关机，不能在调整天线倾角的同时进行监测；机械天线调整天线下倾角度非常麻烦，一般需要维护人员爬到天线安放处进行调整；机械天线的下倾角度是通过计算机模拟分析软件计算的理论值，同实际最佳下倾角度有一定的偏差。

(4) 电调天线。电调天线，指使用电子调整下倾角度的移动天线。

电子下倾的原理是通过改变共线阵天线振子的相位，改变垂直分量和水平分量的幅值大小及合成分量场强强度，从而使天线的垂直方向图下倾。由于天线各方向的场强强度同时增大和减小，保证在改变倾角后天线方向图变化不大，使主瓣方向覆盖距离缩短，同时又使整个方向图在服务小区扇区内减小覆盖面积但又不产生干扰。实践证明，电调天线下倾角度在1°～5°变化时，其天线方向图与机械天线的大致相同；当下倾角度在5°～10°变化时，其天线方向图较机械天线的稍有改善；当下倾角度在10°～15°变化时，其天线方向图较机械天线的变化较大；当机械天线下倾15°后，其天线方向图较机械天线的明显不同，这时天线方向图形状改变不大，主瓣方向覆盖距离明显缩短，整个天线方向图都在本基站扇区内，增加下倾角度，可以使扇区覆盖面积缩小，但不产生干扰，这样的方向图是我们需要的，因此采用电调天线能够降低呼损，减小干扰。

另外，电调天线允许系统在不停机的情况下对垂直方向图下倾角进行调整，可实时监测调整的效果，调整倾角的步进精度也较高(为0.1°)，因此可以对网络实现精细调整。

(5) 双极化天线。双极化天线是一种新型天线技术，组合了+45°和−45°两副极化方向相互正交的天线并同时工作在收发双工模式下，因此其最突出的优点是节省单个定向基站的天线数量。相比于空间分集，双极化天线之间的空间间隔仅需 20 cm～30 cm；另外，双极化天线具有电调天线的优点，在移动通信网中使用双极化天线同电调天线一样，可以降低呼损，减小干扰，提高全网的服务质量。如果使用双极化天线，由于双极化天线对架设安装要求不高，不需要征地建塔，只需要架一根直径为 20 cm 的铁柱，将双极化天线按相应覆盖方向固定在铁柱上即可，从而节省基建投资，同时使基站布局更加合理，基站站址的选定更加容易。双极化天线结构如图7-13所示。

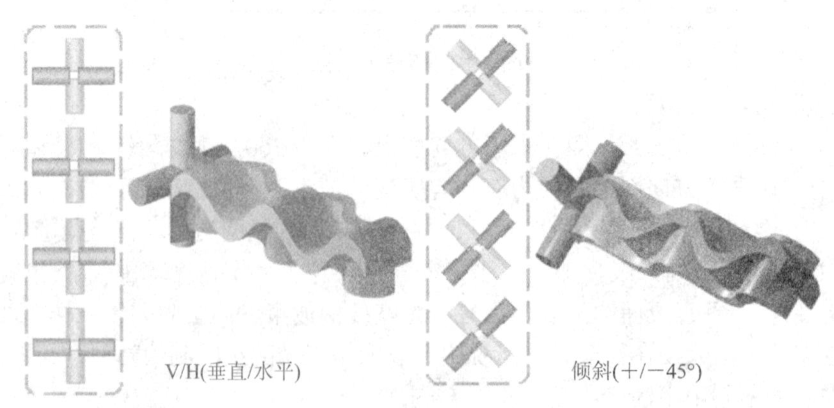

图7-13　双极化天线结构图

三、天馈系统的安装

基站的天馈系统主要由天线、馈线、跳线、避雷器、馈线接地夹和其他器件组成。

1．检测天馈设备

为保证天馈系统安装质量，在天馈系统安装前需对天馈设备进行检测。

若天线安装在铁塔上，为了减少塔上工作量，建议在塔下检测设备、组装天线并制作馈线接头。若天线安装在屋顶，如果屋顶空阔便于行动，可在屋顶检测设备、组装天线并制作馈线接头；否则可在地面或屋内完成上述准备工作。

天线在运输过程中极易损坏，所以现场打开天线外包装后，必须仔细检查天线表面有无裂缝，接头有无撞坏的痕迹等，若天线外观有损伤，则不能使用该天线，并应立即向有关人员反映。

在天线无任何外观损伤的情况下，连接相应跳线，用天馈测试仪进行天线驻波比测试。由于天线的摆放位置会直接影响天线的驻波比，所以测试时应随时调整天线的位置和角度。若在任何摆放位置天线的驻波比均大于 1.5，则说明天线或接头部分可能有问题，应重新检查测试；若只是在部分位置天线的驻波比大于 1.5，则不能肯定天线是否有问题，须等天线安装完毕后，再测量天线驻波比，若此时该值仍超标，则天线肯定有问题，需更换天线。

2．组装天馈设备

为减少塔上工作量，在安装天线前需对其进行组装。组装方法和步骤请参照天线包装内的说明书进行，并在安装完后保存好说明书，以备下次使用。

天线有多种类型，安装方法也不尽相同。实际操作过程中应根据具体情况进行相应安装。

3．吊装天线

在塔顶安装一个定滑轮，将一或两根吊绳穿过定滑轮，再用绳子在天线两端打结，塔上及塔下人员一起配合把天线吊到固定天线的(支架)位置。吊装时，塔上人员向上拉绳，塔下人员牵扯绳子，控制天线的上升方向，以免天线与塔身或建筑物磕碰而损坏。

吊装定向天线如图 7-14 所示，其他物品的吊装也可采用这种方法。

图 7-14　天线吊装示意图

吊装天线应注意以下安全事项：

(1) 吊装过程中悬空物品的正下方禁止站人，工作人员跨出平台作业时一定要使用安全带；

(2) 天线固定件、扳手等小金属物品应装入帆布工具袋封口后再吊装；

(3) 物品吊至塔顶平台后应放置在不易滑落处，并做好安全措施。

4. 铁塔平台安装全向天线

全向天线有多种结构类型，这里以其中的一种作为安装示例。全向天线在铁塔平台的安装示意图如图 7-15 所示。

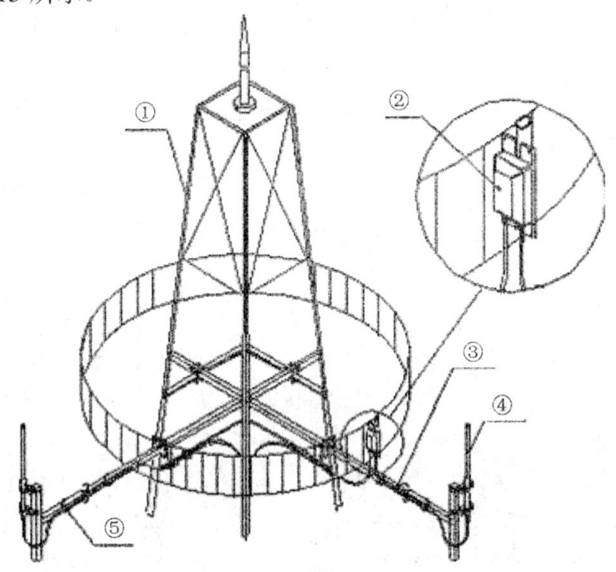

①—铁塔；②—塔放；③—天线支架；④—全向天线；⑤—线扣

图 7-15　全向天线在铁塔平台安装示意图

(1) 天线安装要求。全向天线在铁塔上安装时，应保证天线在铁塔避雷针保护范围内，天线离铁塔主体至少 1.5 m；天线轴线应和水平面垂直，误差应小于 ±1°；天线增益要求为 10 dBi，隔离度为 30 dB。

全向天线可以收发天线共用一个天线支架，或收发天线分开安装，具体安装位置应根据工程设计图纸而定。天线跳线必须制作避水弯。

(2) 天线支架安装要求。

① 天线支架安装平面应与水平面垂直；

② 应单独安装铁塔避雷针桅杆，高度满足所有天线避雷保护要求，天线支架伸出铁塔平台时，应确保天线在避雷针顶点下倾 45° 角保护区域内。

③ 对强雷区(即年雷暴日超过 20 天的地方)应确保天线在避雷针顶点下倾 30° 角保护区域内；

④ 天线支架的安装方向应确保不影响定向天线的收发性能和方向调整；

⑤ 如有必要，对天线支架做一些吊挂措施，避免日久天线支架变形；

⑥ 转动杆需用加强杆来加固，伸缩杆和转动杆的长度可根据现场实际情况进行截断，截断的断口要焊盖板以防漏水；

⑦ 所有焊接部位要牢固，无虚焊、漏焊等缺陷，支架最好采用镀锌钢材，支架表面应喷涂防锈银粉漆。

5. 铁塔平台安装定向天线

天线在铁塔避雷针保护范围内，在天线的向前方向应无铁塔结构的影响，天线伸出铁塔平台距离应不小于 1 m。

安装时应注意以下事项：

(1) 在天线安装与调节过程中，应保护好已安装好的跳线，避免任何损伤；

(2) 使用指南针时应尽量远离铁塔等钢铁物体，并注意当地有无地磁异常现象；

(3) 跳线布放时弯曲要自然，弯曲半径通常要求大于20倍跳线直径；

(4) 线扣绑扎要按一个方向进行，剪断线扣尾时要有5 mm～10 mm的余量，以防线扣在温度变化时脱落，剪切面要求平整。

定向天线在铁塔侧的安装效果图如图7-16所示。

图7-16　定向天线在铁塔侧的安装效果图

6. 屋顶天线安装

定向天线在屋顶的安装效果图如图7-17所示。

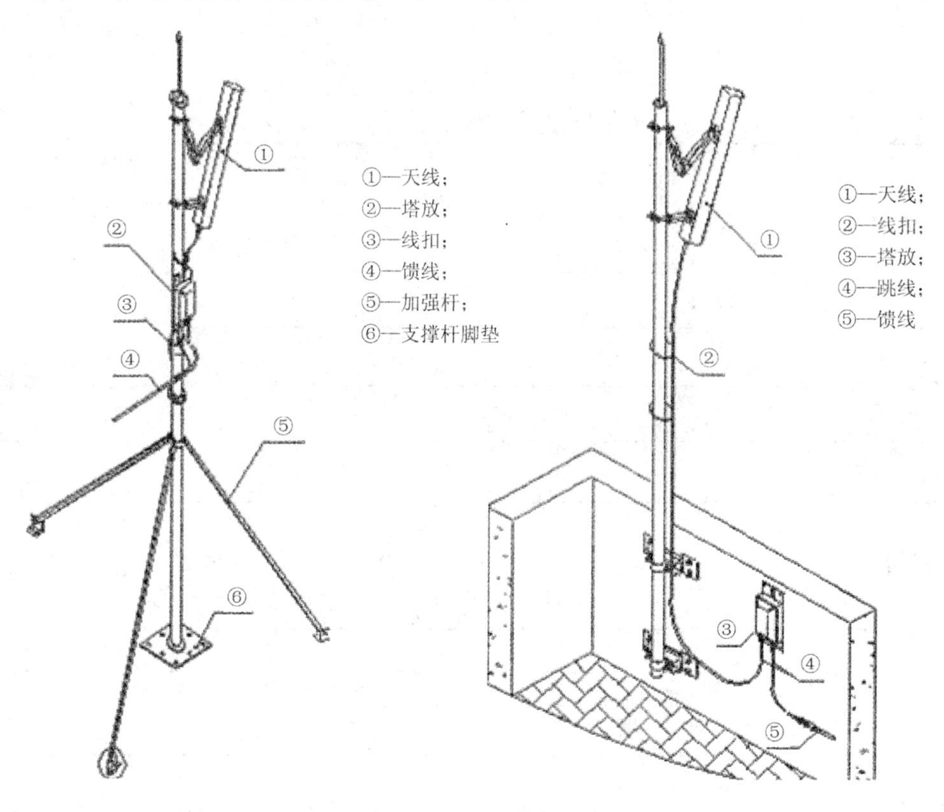

图7-17　定向天线在屋顶的安装效果图

支架安装的要求如下：

① 加强杆连接件的安装位置应不影响天线方向和倾角的调整；

② 天线支架一定要和水平面垂直；

③ 定向天线安装在屋顶时，要求支架必须安装有避雷针，支架和建筑物避雷网也应连通；

④ 全向天线安装在屋顶时，支架上一般不安装避雷针，而另外单独安装一根支架用以安装避雷针，并要求全向天线与避雷针之间的水平间距不小于 2.5 m；

⑤ 若全向天线的支架上安装了避雷针，则要求天线安装时伸出支架 1 m～1.5 m；

⑥ 天线支架，所有焊接部位表面需喷涂防锈漆，焊接要牢固，无虚焊和漏焊等缺陷。

天线安装时要注意以下事项：

① 调整天线方位角：用指南针确定天线方位角，通常正北方向对应第一扇区，正北顺时针转 120° 对应第二扇区，再转 120° 对应第三扇区，调整时，轻轻扭动天线调整方位角，通常要求方位角误差小于等于 5°；

② 用角度仪确定天线俯仰角轻轻扳动天线，调节俯仰角误差小于等于 0.5°；

③ 天线跳线必须制作避水弯；

④ 跳线布放时弯曲要自然，弯曲半径通常要求大于 20 倍跳线直径；线扣绑扎要按一个方向进行，剪断线扣尾时要有 5 mm～10 mm 的余量。

➢ 任务评价

天线安装调测任务评价单

姓名：	自 评 (10%)	班 组 (30%)	教师评分 (60%)
天线基础知识(满分 20 分)			
天线安装调测技能(满分 50 分)			
态度(满分 30 分)			
小计			
总分(满分 100 分)			

任务 7 附注

评价标准及依据

评价指标	评 价 标 准	评价依据	权重	得分
天线基础知识	无线电波传播机制、天线原理、结构、作用、性能参数	理论考核	20%	100
天线安装调测技能	1. 正确识别天线； 2. 正确使用仪表测量天线参数； 3. 正确使用工具仪表，正确安装、调试天线	操作过程、安装调试测量结果	50%	
态度	1. 工作态度应主动、认真细致； 2. 制作过程规范、安全； 3. 小组团结协作； 4. 爱护工具、仪表	操作过程	30%	

任务8 馈线安装

任务下达

你是某通信工程公司的工程师，你公司承接了N市A区3G移动基站工程安装项目。

基站机房室内各部分设备已按要求安装到位，室外天线也已按要求安装到位，现在需要将室内设备与室外天线进行连接。你的任务是做铺设馈线、馈线接头及馈线接地夹，并做好防水绝缘处理。开始工作吧！

➢ 任务目标

知识目标	1. 熟悉掌握室外线路施工流程、规范； 2. 掌握馈线接头、接地夹制作方法及防水绝缘处理方法； 3. 熟悉基站安装所需工具、仪表、材料
技能目标	1. 能制作馈线接头、接地夹线接头； 2. 能正确使用工具； 3. 能规范做好防水绝缘处理； 4. 能按规范安装其他室外设备
态度目标	1. 良好的职业道德； 2. 强烈的安全意识及严谨的工作态度； 3. 良好的沟通能力与团结协作精神

➢ 任务情境

■ 工作安排

(1) 制作馈线接头，进行防水绝缘处理并检查。

(2) 制作馈线接地夹，进行防水绝缘处理并检查。

(3) 4 人一组，由组长负责，轮流操作，互助互评。

■ 需用材料

该任务所需材料有馈线、接插组件、馈线接地夹、电气绝缘胶带、防水绝缘胶带。

■ 工具

该任务所需工具有卷尺、剪线钳、裁纸刀、馈线刀、铁锉、斜口钳、扳手、一字螺丝刀、钢锯。具体如图 8-1 所示。

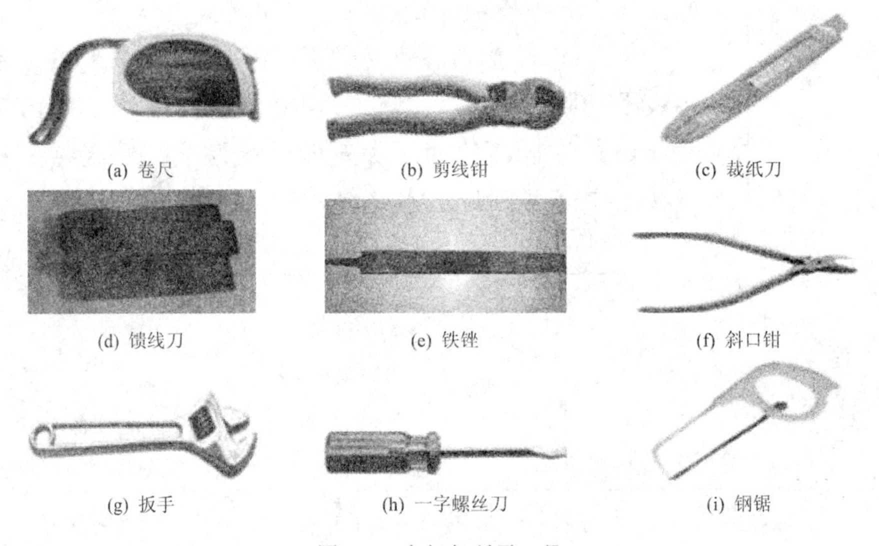

(a) 卷尺　(b) 剪线钳　(c) 裁纸刀

(d) 馈线刀　(e) 铁锉　(f) 斜口钳

(g) 扳手　(h) 一字螺丝刀　(i) 钢锯

图 8-1　本任务所需工具

任务提醒：

(1) 戴安全帽，穿工作服，穿防滑鞋，必要时戴手套。

(2) 小心使用刀具。

(3) 爱护工具仪表。

➢ 任务向导

一、馈线接头制作

制作馈线接头的步骤如下：

(1) 馈线外表皮剥离，如图 8-2 所示。

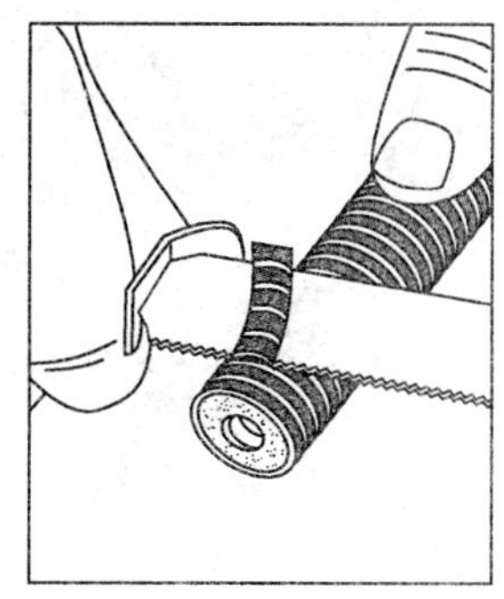
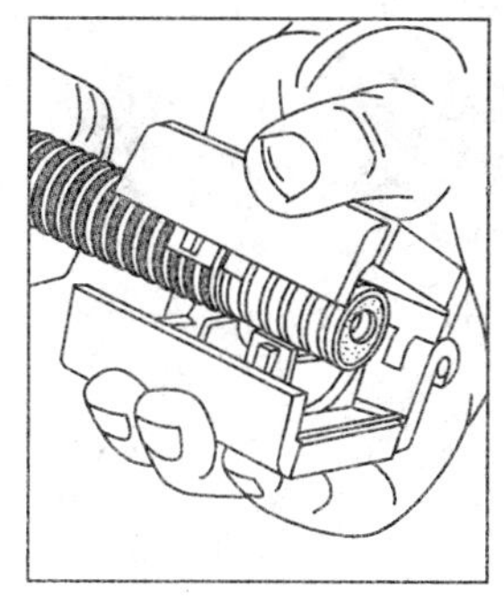

图 8-2 馈线接头制作 1

(2) 切割馈线表皮和内导体，拔掉外皮形成可以安装的端面，如图 8-3 所示。

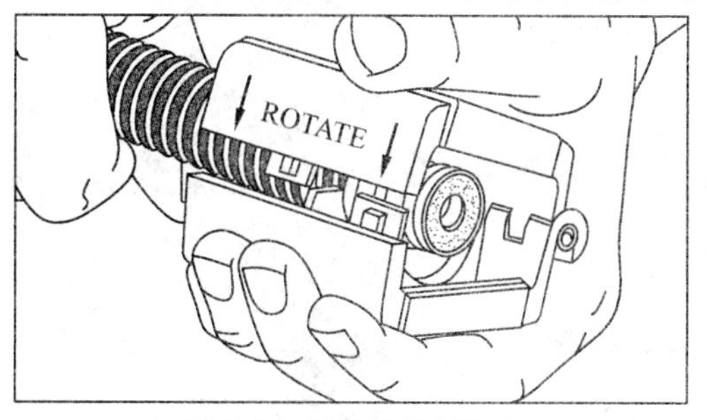

图 8-3 馈线接头制作 2

(3) 接头紧固件套入馈线，安放弹簧圈，如图 8-4 所示。

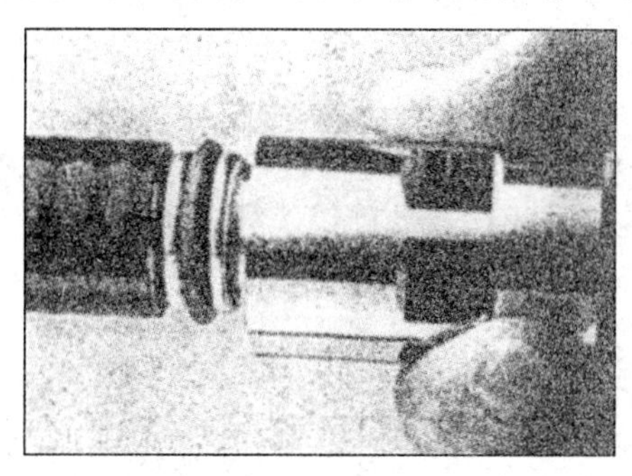
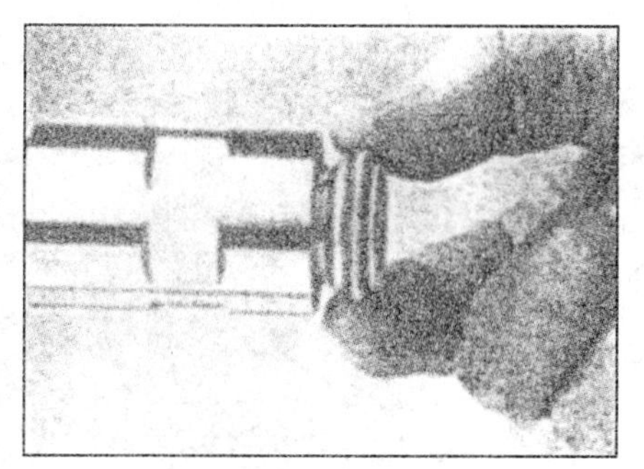

图 8-4 馈线接头制作 3

(4) 规整端面，如图 8-5 所示。

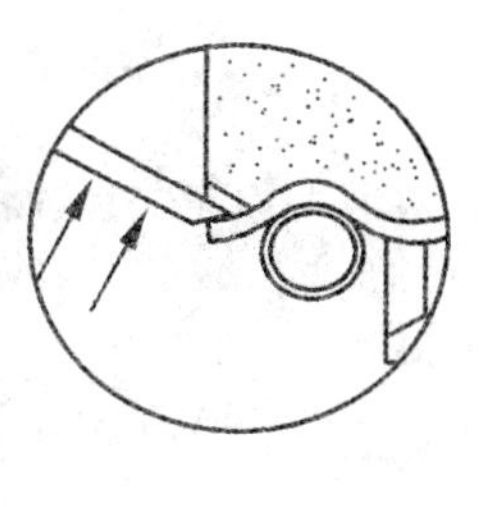

图 8-5 馈线接头制作 4

(5) 安装接插组件，如图 8-6 所示。

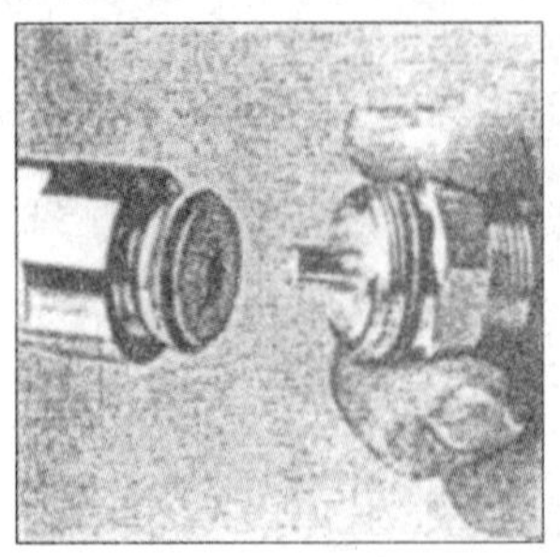
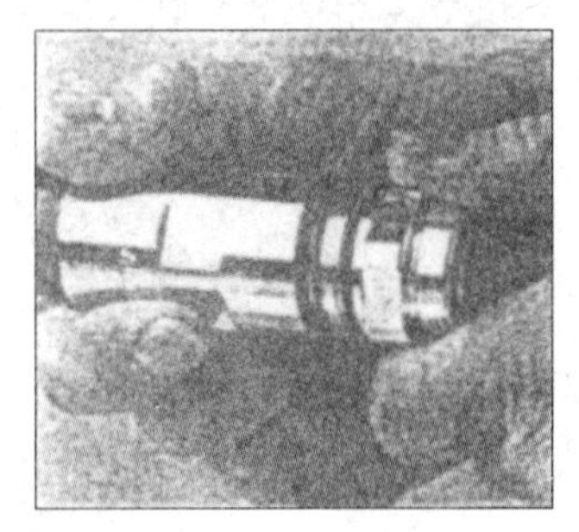

图 8-6　馈线接头制作 5

(6) 用扳手固定接头，如图 8-7 所示。

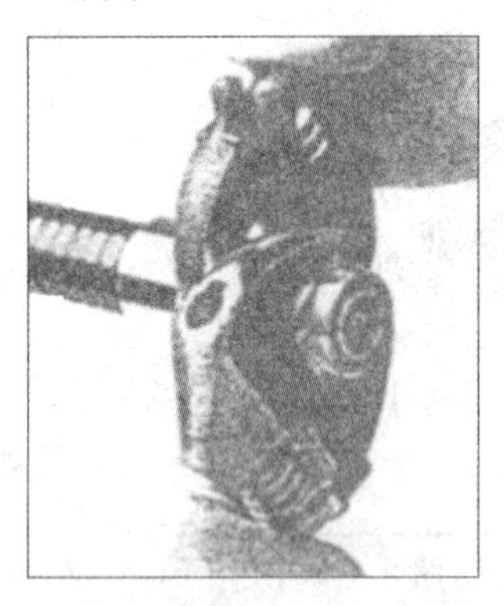

图 8-7　馈线接头制作 6

二、馈线接地夹制作

制作馈线接地夹的步骤如下：

(1) 确定馈线接地夹安装位置，按馈线接地夹大小切开该处馈线外皮，以露出导体为宜，如图 8-8(a)～(c)所示。

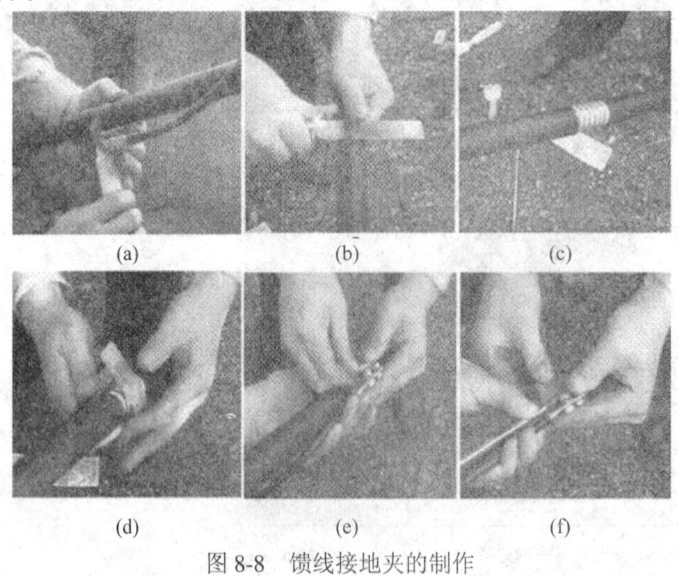

(a)　(b)　(c)

(d)　(e)　(f)

图 8-8　馈线接地夹的制作

(2) 将馈线接地夹的导体紧裹在馈线外导体上，用一字螺丝刀拧动固定金属棒以锁紧馈线接地夹，如图 8-8(d)～(f)所示。接地线引向应由上往下，与馈线的夹角以不大于 15° 为宜，紧固时要使馈线接地夹弯曲位适量弯曲，不能太直。

(3) 对接地处进行防水密封处理。

(4) 将馈线接地夹的接地线引至就近接地点，进行可靠连接。

当馈线在铁塔上布放时，若塔身有接地夹安装孔位，可直接将接地线接至就近的铁塔钢板上；若塔身没有合适的孔位连接引线，可借助馈线固定夹底座，将底座固定在铁塔塔身或室外走线架上，将接地线连接在固定夹底座上；当馈线在室外走线架上布放时，可将接地线接至接地性能良好的走线架上。

三、防水绝缘密封处理

整个天馈系统安装完成并通过了天馈测试后应该立即对室外的跳线与塔放接头、跳线与馈线接头进行防水绝缘密封处理。密封处理所用的胶带有两种：防水绝缘胶带和 PVC 胶带，如图 8-9 所示。

(a) 防水绝缘胶带

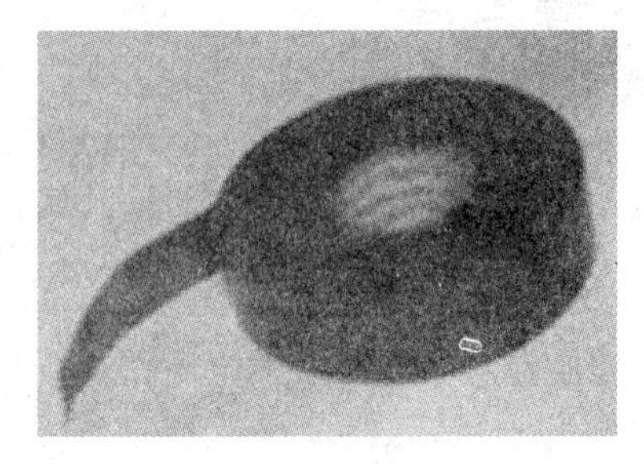

(b) PVC 胶带

图 8-9　防水绝缘密封胶带

进行防水绝缘密封处理的步骤如下：

(1) 先清除馈线接头或馈线接地夹上的灰尘、油垢等杂物。

(2) 展开防水绝缘胶带，剥去离形纸，将胶带一端粘在接头或接地夹下方 2 cm～5 cm 处的馈线上(涂胶层朝馈线)。

(3) 均匀拉伸胶带使其带宽为原来的 3/4～1/2，并保持一定的拉伸强度，从下往上以重叠方式进行包扎，上层胶带覆盖下层的 1/2 左右，如图 8-10 所示。

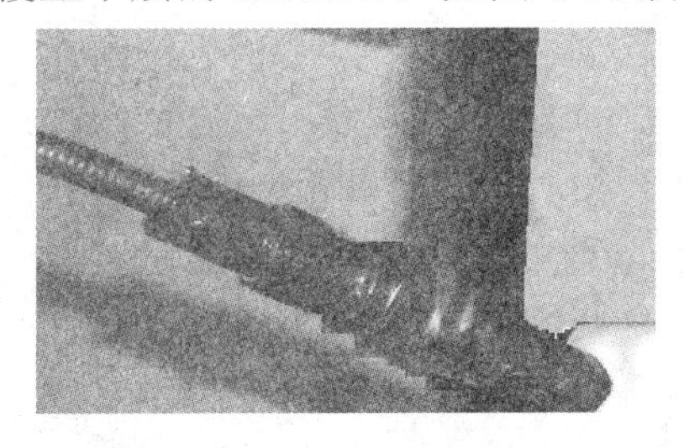

图 8-10　防水绝缘密封处理

(4) 当缠绕到接头或接头夹上方 2 cm～5 cm 后，再以相同的方法从上往下缠绕，然后再从下往上缠绕，共缠绕三层防水绝缘胶带。

(5) 缠好防水绝缘胶带后，必须用手在包扎处挤压胶带，使层间贴附紧密无气隙，以便充分黏结。

(6) 完成防水绝缘胶带的包扎后，需要在其外层包扎 PVC 胶带，以防止磨损和老化。

(7) PVC 胶带的缠绕类似于前面的防水绝缘胶带，以重叠方式缠绕，胶带重叠率在 1/2 左右，从下向上再从上往下最后从下向上缠绕三层，缠绕过程中注意保持适当的拉伸强度。

防水绝缘密封处理效果如图 8-11 所示。

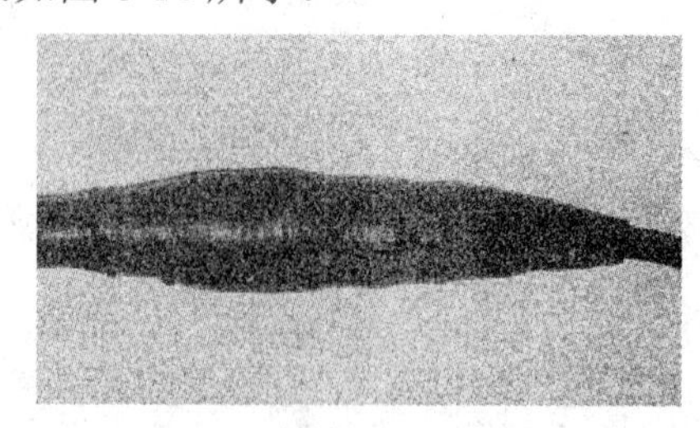

图 8-11　防火绝缘密封处理效果

四、馈线安装

1. 馈线切割

馈线切割的步骤如下：

(1) 根据工程设计图纸确定各个馈线长度；

(2) 在设计长度上再留有 1 m～2 m 的余量进行切割，切割过程中严禁弯折馈线，并应防止车辆碾压与行人踩踏。

2. 吊装并固定馈线

吊装并固定馈线的步骤如下：

(1) 做好馈线接头保护工作：用麻布(或防静电包装袋)包裹已经做好的接头，并用绳子或线扣扎紧。

(2) 吊装馈线：用吊绳在离馈线头约 0.4 m 处打结固定，在离馈线头约 4.4 m 处再打一结，塔上人员向上拉馈线，塔下人员拉扯吊绳控制馈线上升方向，以免馈线与塔身或建筑物磕碰而损坏。

(3) 将馈线吊至塔上平台。

(4) 将馈线上端固定至适当位置。

3. 安装天线到馈线的跳线

(1) 将跳线与馈线连接，跳线弯曲要自然，弯曲半径通常要求大于 20 倍跳线直径。

(2) 绑扎跳线，线扣绑扎要按一个方向进行，剪断线扣时要有 5 mm～10 mm 的余量，防止线扣在温度变化时脱落。

(3) 粘贴跳线标签，标签粘贴在距跳线一端 10 cm 处。

4. 布放和固定馈线

馈线布放的原则如下：

(1) 馈线的最小弯曲半径应大于馈线直径的 20 倍。

(2) 馈线沿走线架、铁塔走线梯布放时应无交叉，馈线入室不得交叉和重叠，建议在布放馈线前一定要对馈线走线的路由进行了解，最好在纸上画出实际走线路由，以免因馈线交叉而返工。

(3) 在铁塔上安装天馈系统时，馈线的布放应从上往下边理顺边紧固馈线固定夹。

(4) 馈线沿铁塔或走线架排列时无交叉，由天线处至入室前的一段按一定顺序理顺，每隔 2 m 左右安装馈线固定夹，现场安装时应根据铁塔的实际情况。

(5) 安装馈线固定夹时，间距应均匀，方向应一致，馈线布放完毕后应拆除多余的馈线固定夹。

(6) 在屋顶布放馈线时，按标签将馈线卡入馈线固定夹中，馈线固定夹的螺丝应暂不紧固，等馈线排列整齐、布放完毕后再拧紧；馈线固定夹应与馈线保持垂直，切忌弯曲，同一固定夹中的馈线应相互保持平行。

(7) 馈线自楼顶沿墙入室时，如果距离超过 1 m，应做走线架，且馈线在走线梯上应使用馈线固定夹固定。

(8) 若馈线自屋顶的馈线密封窗入室，则必须保证馈线密封窗的良好密封。

馈线铺设效果图如图 8-12 所示。

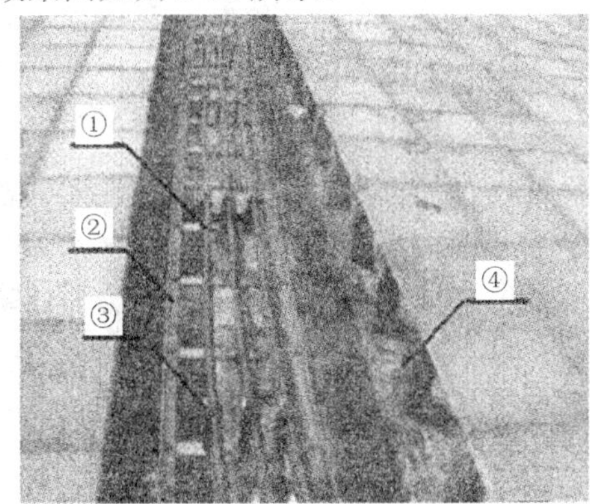

①—馈线；
②—走线架；
③—馈线固定夹；
④—屋顶馈线井

图 8-12 馈线铺设效果图

馈线布放和固定的顺序如下：

(1) 根据工程设计的扇区要求对馈线排列进行设计，通常一个扇区一列或一排，每列(排)的排列顺序保持一致。

(2) 将馈线按设计好的顺序排列。

(3) 一边理顺馈线，一边用固定夹把馈线固定到铁塔或走线架上，同时安装馈线接地夹，并撕下临时标签，用黑线扣绑扎馈线标牌。金属标牌可绑扎在距室外馈线接头 20 cm 处，馈线下铁塔平台 20 cm～30 cm 处，馈线入室前在距馈线密封窗 20 cm 处及馈线转弯处。绑扎时，标牌排列应整齐美观，方向应一致，线扣的方向也应一致，剪切处留有 5 mm～10 mm 余量。

五、接地线安装

馈线接地夹接地线引至室外接地排，要求排列整齐，有安装室外接地排时，则接至接地性能良好的室外走线架上，或建筑物防雷接地网上。

接地线接至走线架接地处时，接地处的防锈漆应除去，接地线安装完成后，应再在接地线和接地点连接处做防锈处理：在线鼻、螺母以及走线架上涂防锈漆，裸线及线鼻柄应用绝缘胶带缠紧，不得外露。

六、馈线密封窗的防水密封处理

对馈线密封窗进行防水密封处理的步骤如下：

(1) 将两个半圆形的馈窗密封套套在馈线密封窗的大孔外侧。

(2) 把两根钢箍箍在密封套的两条凹槽中，用螺丝刀拧紧箍上的紧固螺丝，使钢箍将密封套箍紧。

(3) 在馈线密封窗的边框四周注入玻璃胶。

(4) 对未使用的孔，用专用的塞子将其塞紧。

➢ 任务资讯

一、基站维护概述

基站在不同的运行环境中，确保系统可靠地运行，取决于有效的日常维护。例行维护的目的是防患于未然，及时发现问题并妥善解决问题。

基站是移动通信网络中的一个重要组成部分，为移动用户提供优质的通信服务，基站设备及环境类设施良好的工作状态，将为整个网络良好运行提供有力的保障。

在网络的维护工作中，处理故障最多的是移动基站。移动基站工作性能的好坏及出现故障的频率直接影响着整个网络的整体质量。移动基站的各种软、硬件故障将直接影响多项网络指标，例如掉话率、接通率、信道完整率以及最坏小区数量等，同时还可导致话音质量降低，影响用户通话效果和运营商的网络质量。

基站中各系统的良好运行，是保证通信畅通的前提。要坚持以预防为主、障碍性维护为辅的方针，积极地把故障隐患消除于日常主动性的维护工作中，减少故障发生率，按照有关的制度要求认真做好日常的维护和管理工作。

1) 天馈设备

(1) 注意对天线器件除尘，高架在室外的天线、馈线由于长期受日晒、风吹、雨淋，粘上了各种灰尘、污垢，这些灰尘、污垢在晴天时的电阻很大，而遇到阴雨或潮湿天气时就会吸收水分，与天线连接形成一个导电系统，在灰尘与芯线及芯线与芯线之间形成了电容回路，一部分高频信号就被短路，使天线接收灵敏度降低，发射天线驻波比告警，这样就影响了基站的覆盖范围，严重时导致基站瘫痪。所以，应在每年汛期来临之前，用中性洗涤剂给天馈线器件除尘。

(2) 组合部位紧固。天线受风吹及人为碰撞等外力的影响，天线组合器件和馈线连接处往往会因松动引起接触不良，甚至断裂，从而造成天馈线进水和沾染灰尘，致使传输损耗增加、灵敏度降低，所以，天线除尘后，应对天线组合部位松动之处先用细砂纸除污、除锈，然后用防水胶带紧固牢靠。

(3) 校正固定天线方位。天线的方向和位置必须保持准确、稳定。天线受风力和外力影响，其方向和仰角会发生变化，这样会使天线与天线之间产生干扰，影响基站的覆盖。因此，对天馈线检修保养后，要进行天线场强、发射功率、接收灵敏度和驻波比测试调整，负责系统内各类收、发信天线及馈线的养护工作。

(4) 定期对防雷系统设施的各个环节进行检查。如发现有接地引下线严重锈蚀，应及时更换；有断裂、松脱的，应立即补焊或紧固。

(5) 对天馈设备中资料的汇总和备件的维护管理。

2) 基站设备

(1) 对每个基站的所有资料进行详细了解，并做好记录，如 BTS 配置、传输方式、电池容量、设备耗电电流、电池性能、接入电源供电情况、供电单位联系人及电话、馈线接地的情况，以及天线的挂高、方位角、俯仰角，甚至基站外围屋顶情况等。涉及基站的所有情况都要了解，并建立基站相关资料数据库。

(2) 基站设备出现故障后要全力以赴检修，填写故障报告，报送有关部门，并联系解决。

(3) 配合收集网络优化工作所需的数据，并参与网络优化的实施工作。负责基站系统资料的收集、汇总管理工作。

(4) 按规定时间检查蓄电池的存电，务必使之处于浮充状态。

(5) 按规定时间检查油机的油质，对滤清器进行清洗。

(6) 定期检查空调器的运行状况，对室内空气过滤网、室外冷凝器翅片进行清洗。

(7) 对基站系统中的电缆线路进行维护管理。

(8) 对基站专用仪表和测试车辆等进行维护管理。

总之，基站维护工作涉及的知识面较广，从主设备、传输设备、电源到天馈系统、接地系统、传输线路、机房、铁塔等多个专业项目都应了解；从模块更换、数据测试到安全检查、卫生清洁等各项工作都应认真对待，这就对基站维护人员的专业知识、技能掌握程度以及对工作的敬业精神有相当高的要求。维护人员良好的敬业精神、责任心及熟练的技术技能对提高维护质量、提高工作效率相当关键。

二、日常维护的分类

1. 按实施方法分类

按实施方法不同，日常维护可分为正常维护和非正常维护。

(1) 正常维护：通过正常维护手段，对设备性能、运行情况进行观察、测试和分析。

(2) 非正常维护：指通过人为制造出一些特殊条件，检测设备的性能是否下降或系统功能是否老化。如为防止告警系统出现故障，可适当制造一些故障，观察告警系统是否能正确地上报信息。

2. 按周期长短分类

按周期长短，日常维护可分为突发性维护、日常例行维护和周期性例行维护。

(1) 突发性维护：指因为设备故障、网络调整等带来的维护任务。如用户申告故障、设备损坏、线路故障时需进行的维护。同时在日常例行维护中发现并记录的问题也是突发性维护业务来源之一。BTS 日常突发性故障处理记录表如表 8-1 所示。

表 8-1 BTS 日常突发性故障处理记录表

站　名		所属 BSC	
发生时间		解决时间	
值 班 人		处 理 人	
故障类别： □ 一次电源　□ 二次电源板 □ 基带框　□ 载频框 □ 天馈系统　□ 其他			
故障来源： □ 用户投诉　□ 告警系统 □ 日常例行维护中发现　□ 其他来源			
故障描述：			
处理方法及结果：			

(2) 日常例行维护：指每天必须进行的维护项目，它可以帮助我们随时了解设备运行情况，以便及时解决问题。在日常维护指导中发现的问题须详细记录相关故障发生的具体物理位置和详细故障现象，以便及时维护和排除隐患。

(3) 周期性例行维护：指定期进行的维护，通过周期性维护，我们可以了解设备的长期工作情况。表 8-2～表 8-5 所示分别为周维护操作指导、月维护操作指导、季度维护操作指导和年度维护操作指导。

表 8-2 周维护操作指导

系统维护项目	操作指导	参考标准及注意事项
环境状况	查看机房环境告警，包括供电系统、火警、烟尘等	应一切正常，无告警产生
	查看机房的防盗网、门、窗等设施是否完好	防盗网、门、窗等设施应该完好无损坏
温度状况	观测机房内温度计指示	机房环境温度在 15℃～30℃之间为正常，否则为不正常
湿度状况	观测机房内湿度计指示	机房湿度在 40%～65%之间为正常，否则为不正常
防尘状况	观察机房内设备外壳、设备内部、地板、桌面的尘土附着情况	所有项目都应干净整洁无明显尘土附着，此时防尘状况好，其中一项不合格时为防尘状况差
室内空调运行情况	空调是否正常运行，能否制冷	所设温度与温度计指示应一致，能制冷
单板运行情况	检查各单板指示灯是否正常	

表 8-3 月维护操作指导

系统维护项目	操作指导	参考标准及注意事项
通话测试	用手机拨打电话进行通话测试，同时在BSC侧有人配合，观察是否所有信道都通话正常	应无噪音、断话、串话等现象
检查电池组工作情况	电池有无漏液，连线是否牢固	电池应无漏液，连线应牢固
检查接地、防雷、供电系统	接地系统、防雷系统工作情况，连接是否可靠，供电系统是否能正常工作，避雷器有无烧焦现象	注意确保信号避雷器、电源避雷器和天馈避雷器处于良好状态
检查天馈部分工作情况	检查有无驻波告警，天线支架是否有偏离方向，馈线防水是否正常	查看有无驻波告警
检查二次电源板运行情况	工作是否正常	无告警

表 8-4 季度维护操作指导

系统维护项目	操作指导	参考标准及注意事项
一次电源检查	测量输出电压和每一块电池电压及检查直流电源线老化程度	输出电压应小于－43.5 V 电池电压差应小于 0.3 V
检查风扇运行情况	检查风扇是否正常运转，有无告警	无告警
路测	用测试手机测试切换和覆盖范围	—
驻波比检查	查看 CDU 驻波比告警指示灯	测量发射功率是否正常
告警采集设备检查	湿度、温度、火警等	无告警

表 8-5　年度维护操作指导

系统维护项目	操 作 指 导	参考标准与注意事项
检查信道运行情况	用手机进行测试，同时在 BSC 侧配合，测试各个信道的通话情况，是否有掉话、断话、杂音、单方通话现象，并做好记录，以备参考	—
机柜清洁	工具有吸尘器、酒精、毛巾等	制定严格的操作规程，避免误动开关或接触电源
检查基站输出功率	测量 TRX 的发射功率	是否与 BSC 所设一致
接地电阻阻值测试及地线检查	① 用地阻仪测量接地电阻； ② 检查每个接地线接头是否松动及老化程度	—
天馈线接头、避雷接地卡防水检查	检查外部或打开绝缘胶带检查	注意用相同材料重新封好
天线、塔放牢固程度及定向天线倾角检查	① 用扳手再次拧紧螺母； ② 用角度仪检查倾角	用扳手拧螺母时不要用力太大

➢ 任务评价

馈线安装调测任务评价单

姓名：	自 评 (10%)	班 组 (30%)	教师评分 (60%)
馈线安装技能(满分 50 分)			
防水绝缘密封处理技能(满分 20 分)			
态度(满分 30 分)			
小计			
总分(满分 100 分)			

任务 8 附注

评价标准及依据

评价指标	评 价 标 准	评价依据	权重	得分
馈线安装技能	1．正确使用工具； 2．按规范要求制作馈线接头、接地夹	操作过程、制作的产品	50%	100
防水绝缘密封处理	正确使用工具作馈线接头、接地夹的防水绝缘密封处理	操作过程、制作的产品	20%	
态度	1．工作态度主动认真细致； 2．制作过程规范、安全； 3．小组团结协作； 4．爱护工具、仪表	操作工作过程、制作的产品	30%	

项目四

基站运行软件配置与维护

任务9　Node B站点开通

任务下达

你是某移动通信建设工程公司的工程师，你公司承接了N市3G无线基站工程的新建或者网络优化工作。在基站硬件建设完成后，完成3G基站控制器RNC的外部环境与室内设备建设，并已实现RNC的站点开通，那么使基站设备在3G网络中实现与RNC相连，需要工程师在基站硬件设备建设后进行一些指令对设备进行必要的参数配置。

你今天的任务是实现某个Node B站点开通，进行数据的初始参数配置。开始工作吧！

➢ 任务目标

知识目标	1．掌握DBS3900的硬件结构； 2．掌握DBS3900不同任务的功能； 3．了解DBS3900的典型配置
技能目标	1．运用CME配置Node B的详细步骤； 2．掌握Node B初始数据配置步骤； 3．了解不同Node B组网方式下的数据配置
态度目标	1．良好的职业道德； 2．细心与耐心意识； 3．良好的沟通能力与团结协作精神

➢ 任务情境

■ 工作安排

(1) 通过华为 WCDMA 模拟仿真软件，模拟对 Node B 站点进行开通，并完成相关数据业务的配置。

(2) 2 人一组，相互配合。

任务提醒：

(1) 所有初始配置必须在离线状态下进行。

(2) 数据配置要严格按照流程先后顺序进行配置。

(3) 细心、耐心。

➢ 任务向导

一、Node B 初始数据配置定义

Node B 初始配置是指在 Node B 硬件设备安装完成后，根据自身硬件设备、网络规划以及和其他设备进行数据协商等方面准备和配置数据，从而得到一份数据配置文件(.xml 文件)。

二、应用场景

Node B 的适用场景为网络初始建设阶段，新建基站时；网络优化阶段，需要新建基站时。

三、Node B 初始数据配置的工具

Node B 初始数据配置工具为 WRAN CME，它为 RAN 数据配置提供统一的解决方案，此工具应用于 Node B 和 RNC 的初始数据配置和数据再配置。

WRAN CME 基于 GUI 的 CME 为 RAN 的数据配置提供操作平台，第四代 Node B 要求 CME 的版本为 V100R005。

四、Node B 初始数据配置的方法

Node B 初始数据配置的方法有：

(1) 手动增加 Node B。

(2) 通过模板文件方式增加 Node B。

(3) 通过配置文件方式增加 Node B。

(4) 手动增加 Node B 步骤。

五、Node B 初始数据配置步骤

Node B 初始数据配置的步骤如图 9-1 所示。

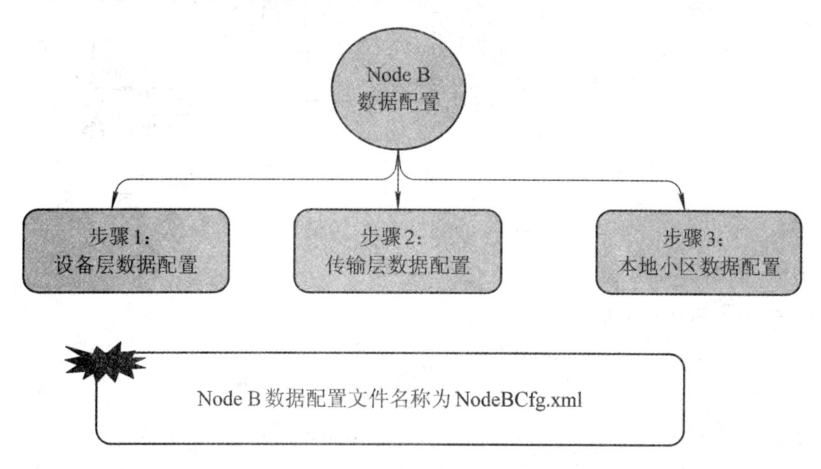

图 9-1　Node B 初始数据配置步骤

➢ 任务资讯

一、DBS3900 概述

1．DBS3900 定义

DBS3900 即 Node B，它是第四代分布式基站，其系统组成包括 BBU3900、RRU3804 或 RRU3801E 和天馈系统。DBS3900 的安装系统框图如图 9-2 所示。

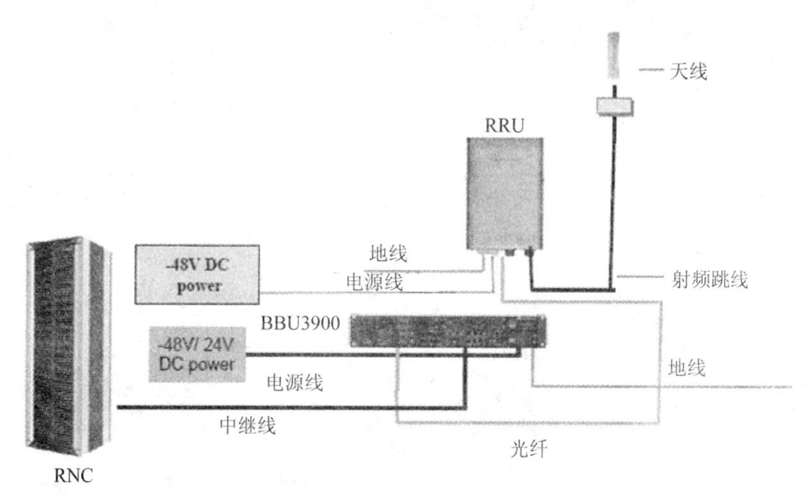

图 9-2　DBS3900 安装系统框图

2．应用场景

(1) 应用场景 1。DBS3900 用于在 2G 站点的基础上安装 3G 业务，如图 9-3 所示。

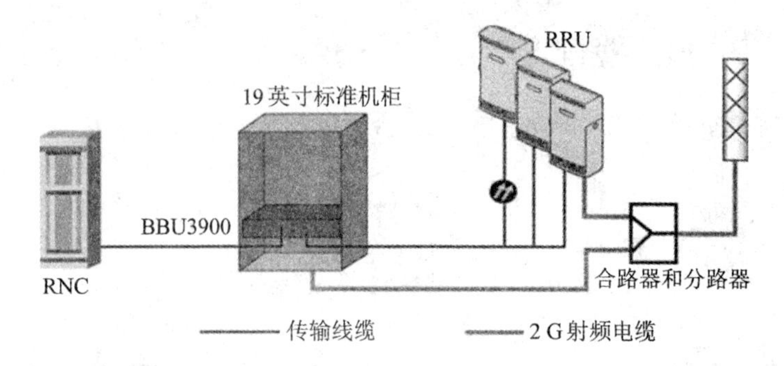

图 9-3　DBS3900 应用场景 1

这种应用场景有如下好处：

① 能安装在任何 19 inch 宽、2-U 高的机柜中；

② 能安装在靠近天线的金属抱杆上；

③ BBU3900 和 RRU 可以与 2G 网络共电源输入和天馈；

④ 使运营商能够低成本地实现利用现有 2G 网络实现 3G 业务。

(2) 应用场景 2。DBS3900 用于在无机房环境的条件下安装 3G 室外型基站，如图 9-4 所示。

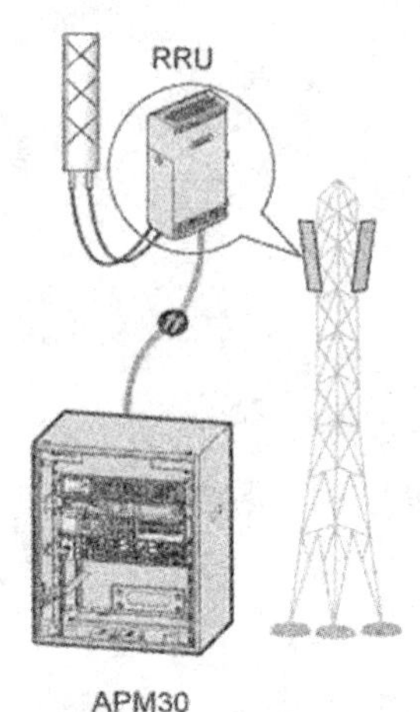

图 9-4　应用场景 2

(3) 应用场景 3。DBS3900 用于有机房但是空间有限的情况下安装新一代 3G 室内型基站，如图 9-5 所示。

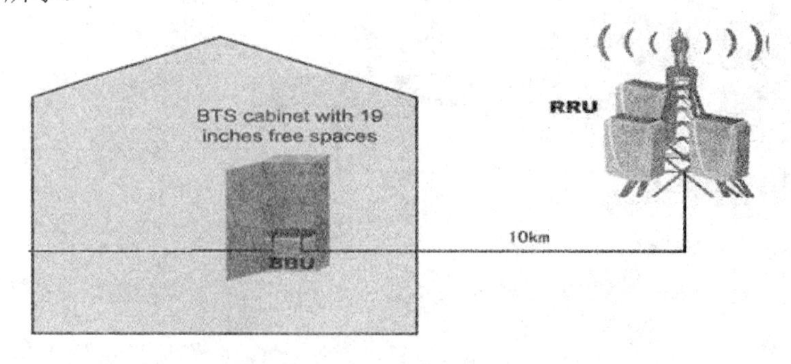

图 9-5　应用场景 3

3．DBS3900 系列基站的功能和特点

DBS3900 系列基站主要功能和特点如下：

(1) 具有先进的平台化架构；

(2) 采用统一无线产品基础开发，全 IP 架构，支持 GSM 和 WCDMA 双模共机柜应用，支持 HSPA+，支持向 LTE 平滑演进；

(3) 集成度高，容量大；

(4) 单个 BBU3900 支持 24 小区，支持上行 1536CE、下行 1536CE，也支持 HSDPA 和 HSUPA 业务；

(5) 单个 RRU/WRFU 支持 4 载波配置，当系统从 1×1 扩容到 1×4，或从 3×1 扩容到 3×4 时，无需额外增加 RRU/WRFU；

(6) 性能好；

(7) 接收灵敏度高，双天线接收灵敏度优于−129.3 dBm；

(8) WRFU 支持 80 W 功率输出，RRU3804 支持 60 W 功率输出，功放效率达到 40%；

(9) 具有多种时钟与同步方式；

(10) 支持 Iub/GPS/BITS 等时钟；

(11) 支持 IP 时钟；

(12) 内部时钟失去时钟源后正常运行至少 90 天；

(13) 支持 HSDPA 业务(单小区下行峰值速率最大 14.4 Mb/s)；

(14) 支持 HSUPA 业务(单用户峰值上行最大速率 5.76 Mb/s)；

(15) 支持商用级 MBMS(Multimedia Broadcast and Multimedia Service)；

(16) 高速 UE 接入；

(17) 支持 UE 移动速度最高为 400 km/h；

(18) 同频段共天馈；

(19) 支持 2G 与 3G 系统共天馈。

二、DBS3900 硬件结构

DBS3900 硬件结构包含 BBU 和 RRU 两个部分。

1．BBU 物理结构

BBU 是一种基带处理设备，主要完成 Uu 接口的基带处理功能(编码、复用、调制和扩频等)、RNC 的 Iub 接口功能、信令处理、本地和远程操作维护功能，以及 Node B 系统的工作状态监控和告警信息上报功能。其中所有基带功能单元作为一个基带池，通过配置，每个基带处理模块可以处理不同载扇的数据。在容量需求较大的地区，只通过在 BBU 增加基带板即可实现容量的增加。BBU 的物理结构如图 9-6 所示。

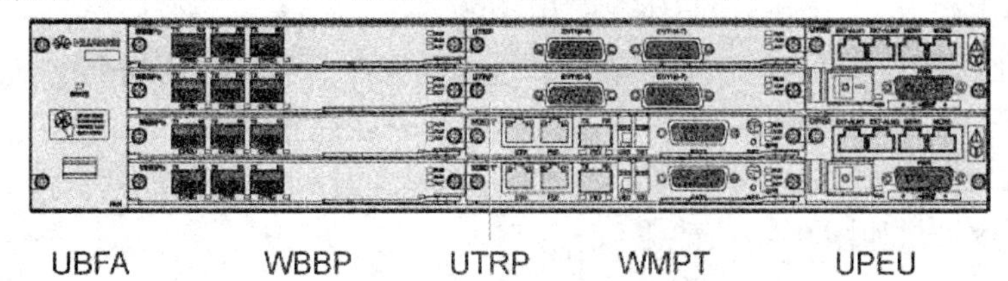

图 9-6　BBU 的物理结构

BBU3900 的必配单板及任务有 WMPT、WBBP、UBFA、UPEU；选配单板有 UELP、UFLP、UTRP、UEIU。

BBU3900 的槽位定义示意图如图 9-7 所示。

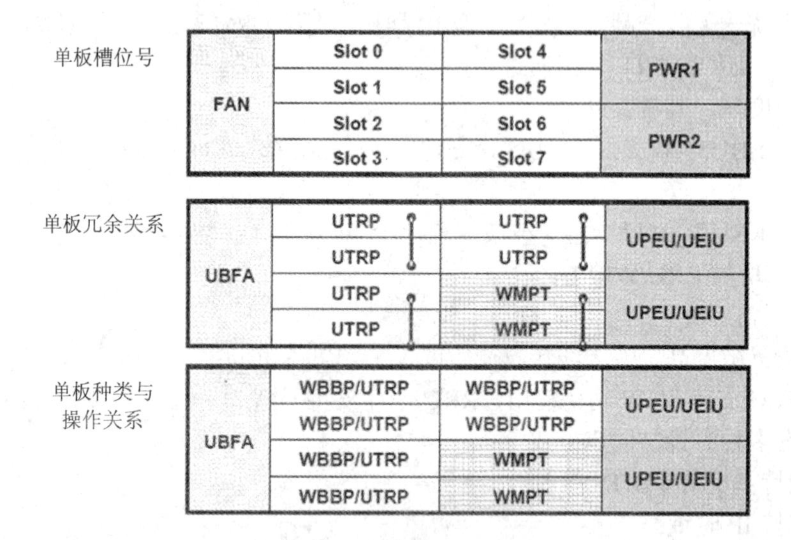

图 9-7　BBU3900 槽位定义

BBU3900 的逻辑结构如图 9-8 所示。

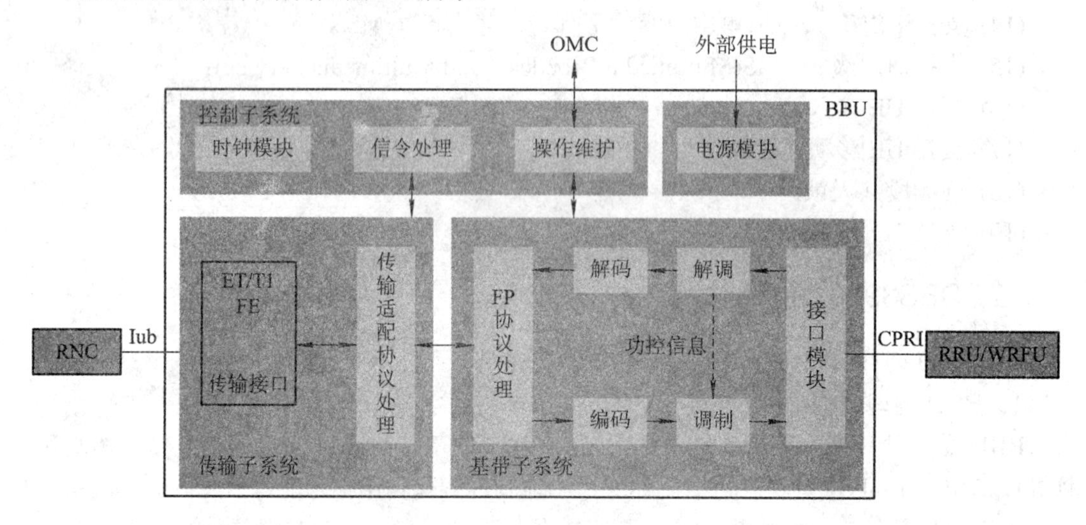

图 9-8　BBU3900 逻辑结构

(1) WMPT 单板。

WMPT 为主控板，一般配置两块，采用主备工作模式(1+1 冷备份)。

WMPT 的主要功能有：提供操作维护功能；为整个系统提供所需要的基准时钟；提供 Node B 自动升级的 USB 接口；为其他单板提供信令处理和资源管理功能；提供 1 个 4 路 E1 接口，支持 ATM、IP 协议；提供 1 路 FE 电接口、1 路 FE 光接口且支持 IP 协议。

WMPT 单板接口如图 9-9 所示。

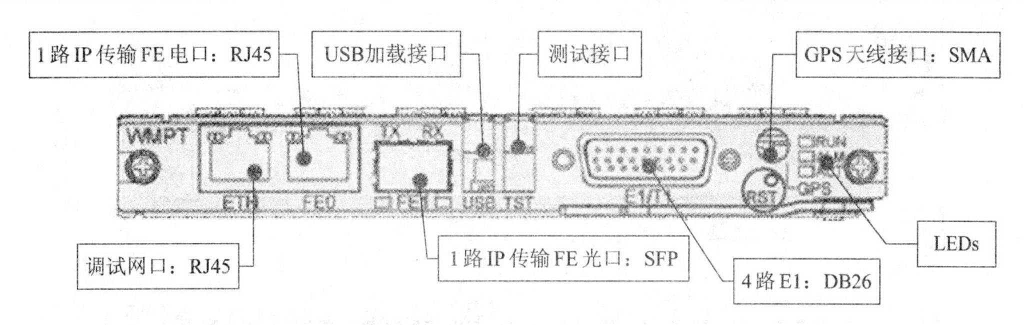

图 9-9　WMPT 单板

(2) WBBP 基带处理单板。

WBBP 单板为必配单板，采用资源池模式，一般配置最大单板数量为 6。

WBBP 的主要功能有：提供与 RRU/RFU 通信的 CPRI 接口，支持 CPRI 接口的 1+1 备份；处理上/下行基带信号。

WBBP 有两种基带处理板：WBBPa 和 WBBPb。

① WBBPa：支持 HSDPA (2 ms TTI)及 HSUPA phase Ⅰ(10 ms TTI)。其结构外型如图 9-10 所示。

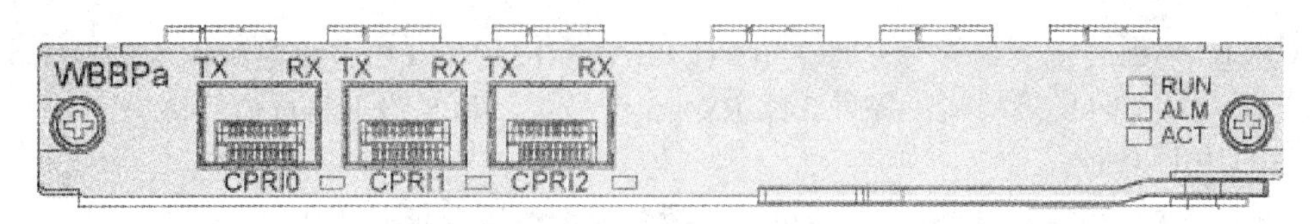

图 9-10　WBBPa 基带处理单板

② WBBPb：支持 HSDPA (2 ms TTI)，HSUPA phaseⅡ(2 ms TTI)。其结构外型如图 9-11 所示。

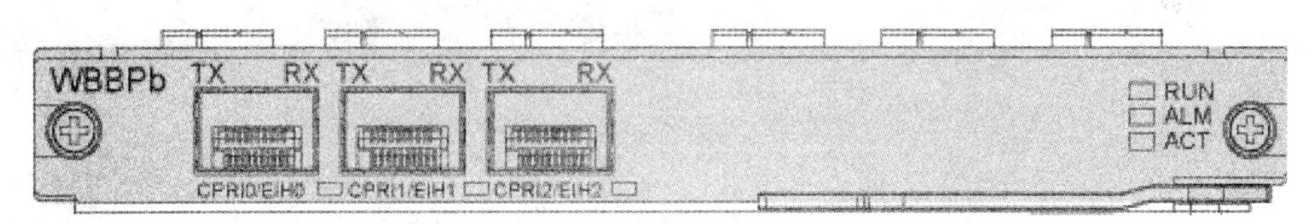

图 9-11　WBBPb 基带处理单板

(3) UTRP 单板。

UTRP 是 BBU3900 的传输扩展板，可提供 8 路 E1/T1 接口和 1 路非通道化 STM-1/OC-3 接口。

UTRP 单板的扣板与接口如表 9-1 和图 9-12 所示。

表 9-1　扣板与接口比较

扣 板 名 称	接　口
UAEU(Universal ATM over E1/T1 Interface and Processing Unit)	8 路 ATM over E1/T1 接口
UIEU(Universal IP Packet over E1/T1 Interface and Processing Unit)	8 路 IP over E1/T1 接口
UUAS(Universal Unchannelized ATM over SDH/SONET Card)	1 路非通道化 STM-1/OC-3 接口

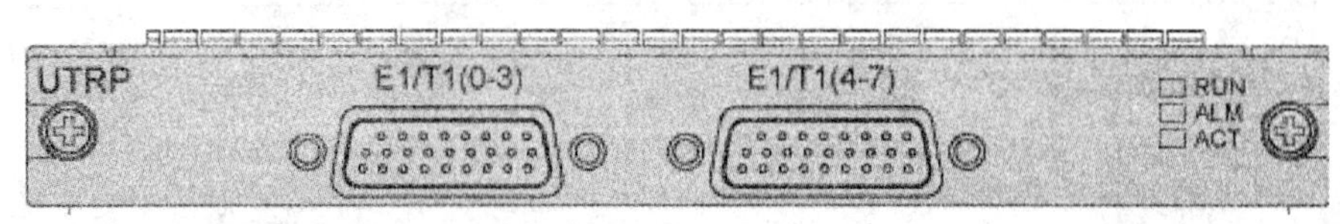

(a) UAEU/UIEU

(b) UUAS

图 9-12　扣板与接口

(4) UBFA 单板。

UBFA 单板为风扇板，属于必配单板，最大单板数为 1。

UBFA 单板的主要功能：控制风扇转速；向主控板上报风扇状态；检测进风口温度。

(5) UPEU 单板。

UPEU 单板为电源板，属于必配单板，其最大单板数为 2。一般采用主备工作模式(1+1 冷备份)。

UPEU 单板的主要功能有：将 −48 V(UPEA)或 +24 V(UPE)直流电源输入转换成 +12 V 直流电源，具有防反接功能；提供 2 路 RS485 信号接口和 8 路干结点信号接口。

(6) UEIU 单板。

UEIU 单板为外部接口板，属于可选单板，最大配置单板数为 1。

UEIU 单板的功能有：连接外部监控设备，并向 WMPT 传 RS485 信号；连接外部告警设备，并向 WMPT 报告干节点告警信号。

UEIU 单板示意图如图 9-13 所示。

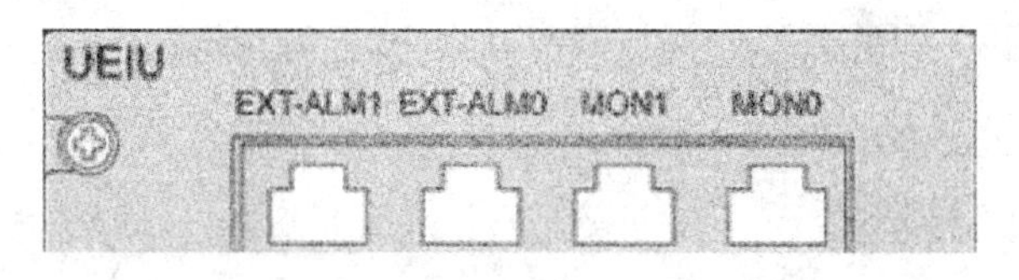

图 9-13　UEIU 单板

2．RRU 硬件结构

远端射频单元(RRU)分为 4 个大模块：中频模块、收发信机模块、功放和滤波模块。数字中频模块用于光传输的调制解调、数字上下变频、A/D 转换等；收发信机模块完成中频信号到射频信号的变换；再经过功放和滤波模块，将射频信号通过天线口发射出去。RRU 硬件结构如图 9-14 所示。

RRU3804 的特点如下：

① 支持 12 dB、24 dB 增益的 TMA(塔放大器)；

② 驻波比统计及上报；

③ 支持 AISG(Antenna Interface Standards Group) 2.0；

④ 接收参考灵敏度典型值为 −125.5 dBm(双天线的情况下)；

⑤ RRU3804 连接 SRXU 可支持 4 天线接收分集。

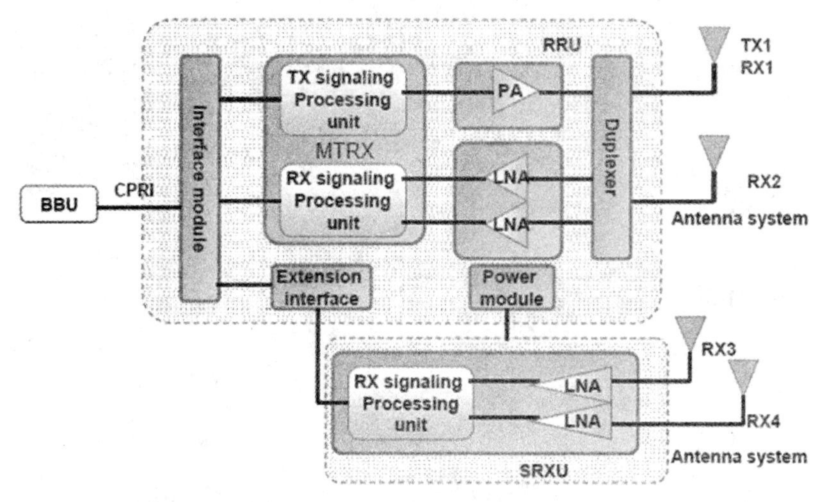

注：TX signaling Processing unit—发射信号处理单元
RX signaling Processing unit—接收信号处理单元
Extension interface—拓展接口
Power module—电源模块　　Interface module—接口模块
PA—分组接入单元　　LNA—低噪声放大器单元
Duplexer—双工器　　CPRI—通用公共无线接口

图 9-14　RRU 硬件结构

根据输出功率和载波，RRU 可分成两种配置：一种是 40 W RRU3801E，机顶输出功率为 40 W；另一种是 60 W RRU3804，机顶输出功率为 60 W。

三、DBS3900 典型组网及配置

DBS3900 典型组网方式有 BBU 组网和 RRU 组网，分别如图 9-15 和图 9-16 所示。

BBU 和 RRU 支持多种组网方式，如星型、链型、树型、环型和混合型。

对于链型和树型的组网方式，当选用 1.25 G 的光任务时，级联深度应小于等于 4；当选用 2.5 G 的光任务时，级联深度应小于等于 8。

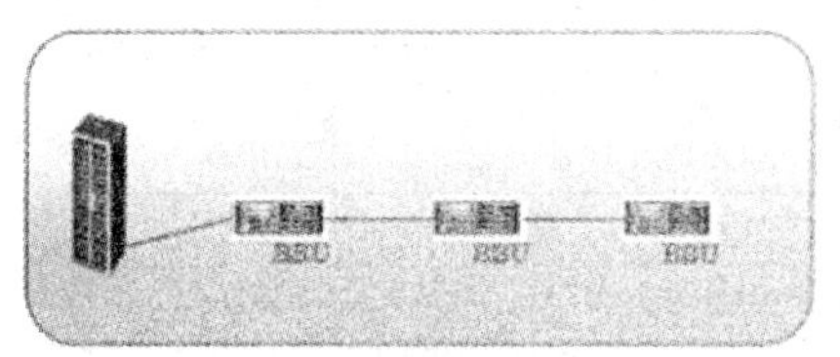

链型组网方式

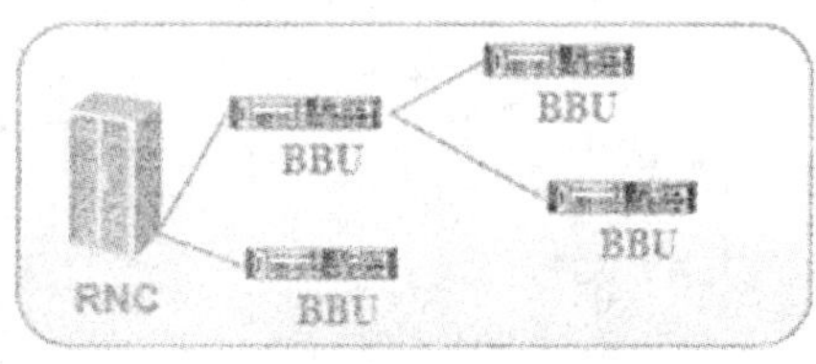

树型组网方式

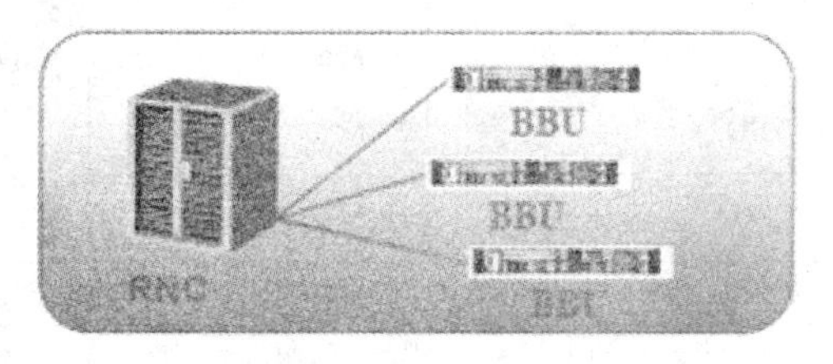

星型组网方式

图 9-15　BBU 组网方式

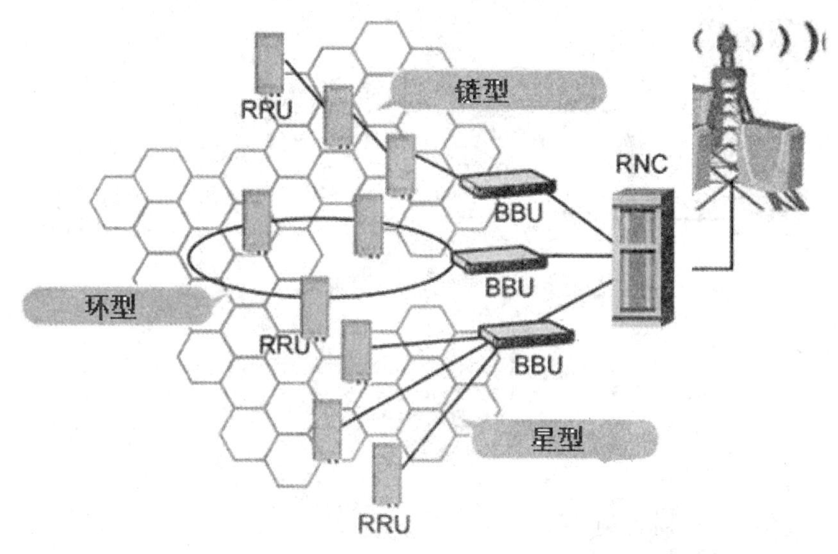

图 9-16　RRU 组网方式

四、设备层数据配置

DBS3900 框配置如图 9-17 所示。DBS3900 单板配置如图 9-18 所示。

框号	框类型	配置方法	说明
0	BBU3900	固定配置	主控基带传输部分
6	EXT	用户配置	虚拟扩展框
7	NPSU	随电源配置	附属于BBU的备电系统
8	NCMU	随电源配置	附属于BBU的热交换系统(仅配置APM30时存在)
20～254	RRU	用户配置	虚拟RRU框(含RRU附属备电系统)

图 9-17　DBS3900 框配置

框号	框类型	槽位号	单板类型	MML 命令
0	BBU3900	0～3	WBBPx/UTRP	ADD BRD
		4～5	UTRP	ADD BRD
		6～7	WMPT	ADD BRD
		16	UBF	ADD BRD
		18～19	UPEA/UPEB/UEIU	ADD BRD
6	EXT	0	NEMU	ADD BRD
7	NPSU	0	NPMU	SET PWRSYSCFG
8	NCMU	0	NCMU	SET PWRSYSCFG
20～254	RRU	0	MRRU/PRRU/RHUB	ADD RRU

图 9-18　DBS3900 单板配置

(1) BBU单板配置。

在CME软件中可采用右键点击槽位号，配置相关数据来增加BBU的各种单板。BBU单板的配置如图9-19所示。

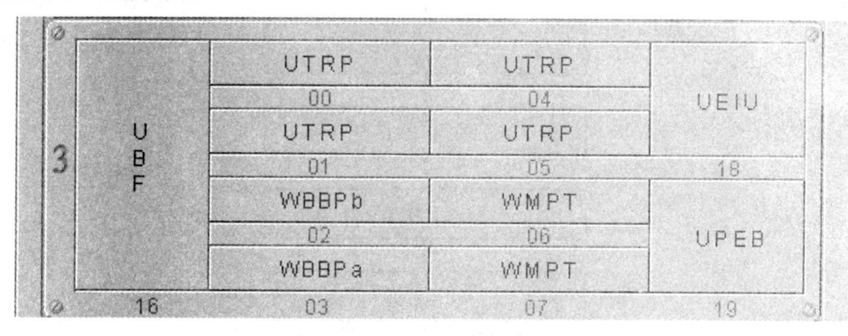

图9-19　BBU单板配置

(2) RF单板配置。

在CME软件中，可右键点击RRU链来配置RF单板参数，具体步骤如下：

① 采用ADD SUBRACK来增加RFU机柜；

② 采用ADD RRUCHAIN来增加链或者环；

③ 采用SET RRUCHAINBRKPOS 来设置断点(可选)；

④ 采用ADD RRU来增加WRFU/MRRU/PRRU；

⑤ 采用RMV RRUCHAINBRKPOS来取消断点(可选)。

在CME软件中，右键点击RRU链来配置上述5步。

五、基于IP的传输层数据配置

基于IP的Iub接口协议结构如图9-20所示。

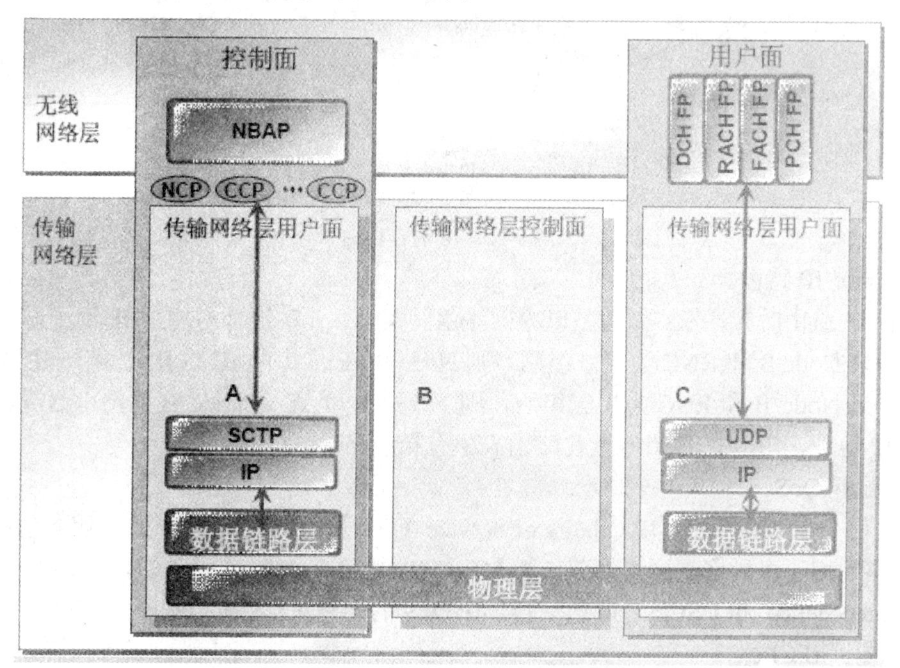

图9-20　Iub接口协议结构(IP)

基于 IP 的传输层数据配置如图 9-21 所示。

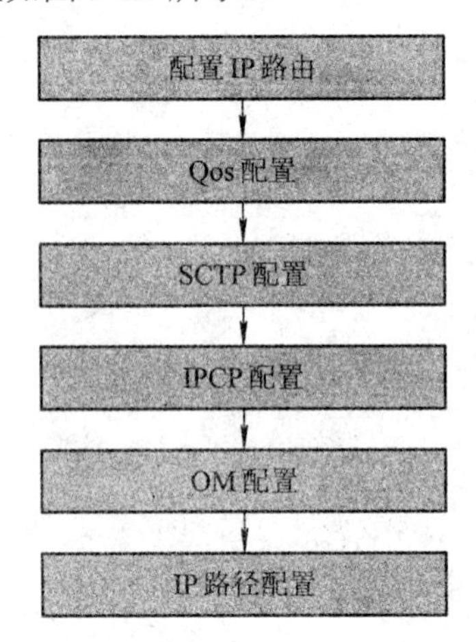

图 9-21　基于 IP 的传输层数据配置

(1) 基于 IP 的混合传输配置。

基于 IP 的混合传输配置，需要配置 PPP、MP 和 Ethernet IP 等协议。若采用单一的传输模式，只需要配置一种传输链路；若采用混合传输模式，则需要配置 E1 和 FE 传输链路：对于 E1 链路，配置 PPP 或 MP 协议；对于 FE 链路，配置 PPPoE 或 Ethernet IP 协议。

IP 混合传输示意图如图 9-22 所示。

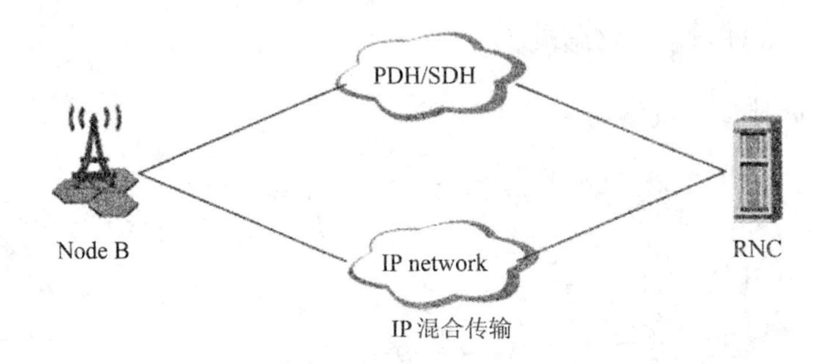

图 9-22　IP 混合传输

(2) 配置 IP 路由。

配置 IP 路由时应注意：如果是以太网路由网关，下一跳地址与网关 IP 地址必须在同一网段；如果 Node B 和 RNC 为层二组网，则 Node B FE 端口的 IP 与 RNC 端口 IP 必须同一网段；如果 Node B 和 RNC 为层三组网，则下一跳 IP 为连接 Node B 的路由器或者层三交换机的 IP 地址，IP 包的目的地址在路由表中有相应路由。

(3) 配置 QoS。

配置信令和 OM 属性；IP Quality of Service (QoS)是为 IP 网络提供特定服务的能力，这种 IP 网络运用了多种底层网络协议，如 MP、FR、ATM、Ethernet、SDH 和 MPLS；IP QoS 支持 IP precedence 和 DSCP 之间的切换；IP QoS 的配置灵活。

(4) 配置 IPCP。

配置 IPCP 指配置目的 IP 地址、本地 IP 地址、端口类型和端口号。

IPCP 对于目的地址的 IP 路由可用，只能配置一条 NCP，多条 CCP。同一条链路的 NCP/CCP 目的 IP 地址、本地端口号、目的端口号必须不同。

在 NBAP 页中选择一条 NCP/CCP 时，会显示出相应的链路，在下面部分会列出相应的路由。

(5) 配置 OM。

配置 OM 指明确从 LMT(或 M2000)到子网的路由已配置，只能配置一条 OM 通道；如果你在 OM 页签上面部分选择 OM 通道，下面部分则会显示出相应的路由；OM 通道的目的 IP 地址为 Node B LMT 或者 M2000 的 IP 地址。

(6) 配置 IP path。

到目的地址的 IP 路由可采用 IP path，它没有带宽限制。所以，配置 IP path 只是区分了业务的优先级。当传送 HSDPA 业务时，配置 path ID 不同的两条 IP path，一条对应 R99 服务，另一条对应 HSDPA 业务。在 Node B 侧无服务优先级，因此在 Node B 侧配置一条 IP path 就可以了。

例 1　IP 组网配置如图 9-23 所示。

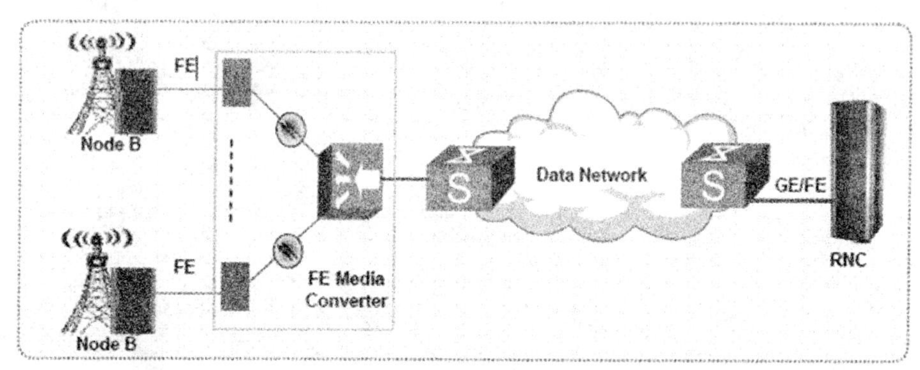

注：FE—快速以太网接口；GE—千兆以太网接口

图 9-23　IP 组网配置

例 2　双栈组网配置如图 9-24 所示。

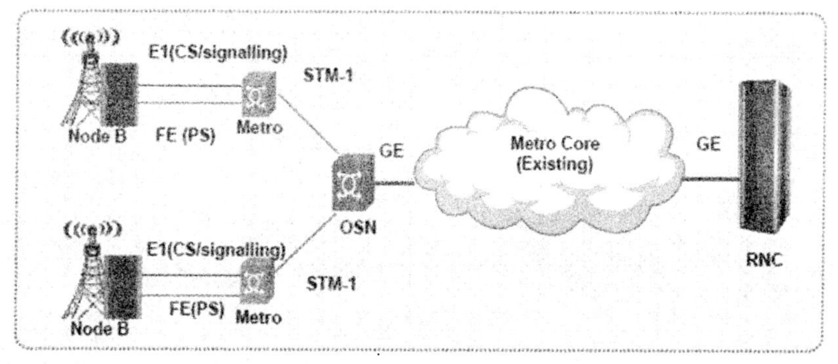

注：E1—2M 电接口；FE—快速以太网接口；GE—千兆以太网接口；
Metro—SDH 设备；OSN—光交换网络

图 9-24　双栈组网配置

六、本地小区数据配置

本地小区数据配置步骤如下：

(1) Adding Site(增加 Node B 站点)：一个 Node B 内的站点号必须唯一。

(2) Adding Sector(增加 Node B 扇区)：一个 Node B 下的扇区号必须唯一，配置扇区主要是来配置相应的天馈系统。

(3) Adding Local Cell(增加 Node B 本地小区)：同一 Node B 的本地小区 ID 必须唯一，并且需要与对端 RNC 协商。

➢ 任务评价

Node B 站点开通任务评价单

姓名：	自 评 (10%)	班 组 (30%)	教师评分 (60%)
理论知识的掌握(满分 20 分)			
软件安装技能(满分 20 分)			
数据配置技能(满分 30 分)			
态度(满分 30 分)			
小计			
总分(满分 100 分)			

任务 9 附注

评价标准及依据

评价指标	评 价 标 准	评价依据	权重	得分
Node B 设备硬件结构	Node B 设备硬件结构及组成、单板构成及功能	理论考核	20%	100
软件安装技能	能否按步骤安装；安装完毕是否可以进行数据配置	安装过程、安装结果	20%	
数据配置技能	能否正确完成 Node B 的数据配置，配置结果是否符合要求	配置过程、配置结果	30%	
职业素质	1. 工作态度是否主动认真细致； 2. 能否灵活处理数据； 3. 小组是否团结协调	操作过程	30%	

任务 10　RNC 数据配置

任务下达

你是某通信网络设计公司的工程师，你公司承接了N市3G无线网络规划设计工作。在规划初步方案完成后，完成3G基站控制器RNC的外部环境与室内设备建设，如何使基站控制器设备在3G网络中实现所需要的各种业务，就需要工程师在建网初期通过执行一些指令对设备进行必要的参数配置。

你今天的任务是针对某个RNC进行数据的初始参数配置。出发吧！

➢ 任务目标

知识目标	1．掌握RNC数据配置步骤和方法； 2．掌握全局数据配置步骤、命令和相关参数； 3．掌握设备数据配置步骤、命令和相关参数
技能目标	1．能正确理解参数含义； 2．能正确运用配置命令进行参数设置； 3．能正确按照规范流程进行RNC的站点开通
态度目标	1．良好的职业道德； 2．细心与耐心意识； 3．良好的沟通能力与团结协作精神

➢ 任务情境

■ 工作安排

(1) 通过华为 WCDMA 模拟仿真软件，模拟开通 RNC 站点，并完成相关数据业务的配置。

(2) 2 人一组，相互配合。

任务提醒：

(1) 所有初始配置必须在离线状态下进行。

(2) 数据配置要严格按照流程先后顺序进行配置。

(3) 要求细心、耐心。

➢ 任务向导

一、RNC 初始配置定义

RNC 初始数据配置是指通过配置实现设备的正常运行，包括配置脚本的编写和执行。RNC 初始安装后，根据自身硬件设备、网络规划以及与其他设备协商等方面准备和配置数据，得到一份 MML 命令脚本(文本格式)。

RNC 初始配置得到的 MML 命令脚本中包含的数据必须完整、一致、有效，在随后的执行过程中可以生成数据文件并加载到 RNC 前台，从而使系统工作正常。

二、RNC 初始配置工具

RNC 初始配置工具是指在任何一个已有 MML 命令脚本的条件下，通过增加、删除、修改 MML 命令的操作获得初始配置脚本的文字编辑器。

本地维护终端(Local Maintenance Terminal，LMT)是一种 RNC 初始配置工具，其界面图如图 10-1 所示。

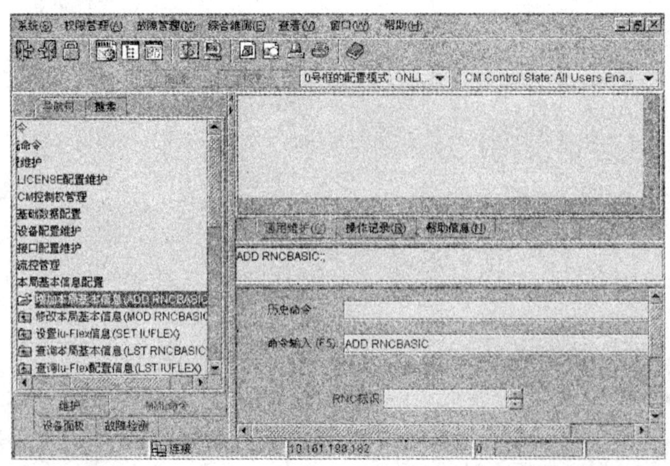

图 10-1　RNC 界面

三、RNC 初始配置脚本组成

一份完整的初始配置脚本一般由四部分数据组成，包括全局数据脚本、设备数据脚本、对外接口数据脚本和小区数据脚本。

(1) 全局数据脚本。RNC 全局数据脚本包括 RNC 本局基本信息、运营商标识、Iu-Flex 信息、RNC 源信令点数据、内部子网号、全局位置信息和增加 M3UA 本地实体信息。

(2) 设备数据脚本。RNC 设备数据脚本包括 RSS 插框信息、RBS 插框信息、RNC 时间和时钟及网管服务器 IP 地址。

(3) 对外接口数据脚本。RNC 对外接口数据脚本包含 Iub、Iu-CS、Iu-PS、Iu-BC 和 Iur 接口的配置数据。

(4) 小区数据脚本。RNC 小区数据脚本包括本地小区基本信息、逻辑小区信息、同频邻近小区信息、异频邻近小区信息和 GSM 邻近小区信息。

四、创建 RNC 初始配置脚本的流程

RNC 与其他网元的对接数据已经准备好，初始配置过程如图 10-2 所示。

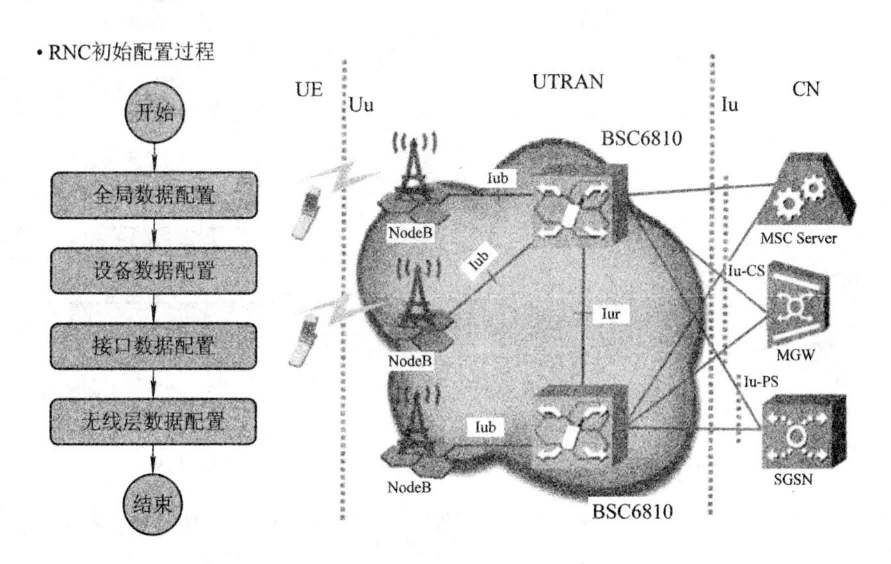

注：UE—用户终端设备；UTRAN—接入网；CN—核心网；Uu—空中接口；
MSC Server—移动业务交换服务器；SGSN—服务支持节点；
MGW—媒体网关；Iub—Node B 和 RNC 之间的接口；Iur—RNC 和 RNC 之间的接口；
Iu-cs—RNC 和核心网之间的电路域接口；Iu-ps—RNC 和核心网之间的分组域接口

图 10-2　RNC 初始配置过程

创建 RNC 初始配置脚本的操作步骤如下：

(1) 打开 RNC 初始配置工具。

(2) 创建一份 RNC 脚本文件。

① 配置 RNC 全局数据；

② 配置 RNC 设备数据；

③ 增加 RNC Iub 接口数据(初始)；

④ 增加 RNC Iu-CS/PS 接口数据(初始)；

⑤ 增加 Iu-BC 接口数据(Iu-BC 接口是 RNC 与 CBC 之间的逻辑接口，其配置方法与 Iu-CS 类似)；

⑥ 增加 Iur 接口数据(本接口涉及 RNC 之间的切换，不属于本任务的内容)；

⑦ 配置小区数据(初始)。

(3) 保存 RNC 初始配置脚本文件。

➤ 任务资讯

一、全局数据配置

RNC 全局数据配置流程如图 10-3 所示。

配置RNC全局数据是进行RNC初始配置前的必要步骤。只有全局数据配置完毕，才能开始设备数据、接口数据以及小区数据的配置，具体流程如下：

(1) 增加 RNC 基本信息(初始)。

作为 RNC 初始配置的第一个步骤，将 RNC 所有插框的数据配置状态切换到离线状态。增加 RNC 基本信息包括：增加 RNC 标识、设置是否支持网络共享和跨运营商切换、增加运营商信息、设置 Iu Flex 信息、设置 RNC 内部子网号和设置 SCTP 服务侦听端口。

具体操作步骤如下：

① 执行 MML 命令 ADD RNCBASIC，设置 RNC 标识和是否支持网络共享。当 RNC 支持网络共享时，还必须设置“支持运营商个数”和“是否支持跨运营商切换”两项。

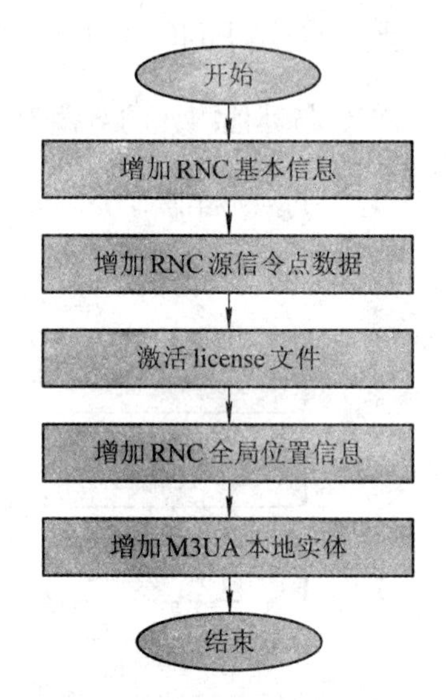

图 10-3　RNC 全局数据配置流程

② 执行 MML 命令 ADD CNOPERATOR，设置“主运营商标识”为 YES(主运营商)，增加主运营商信息。

③ 如果存在从运营商，多次执行 MML 命令 ADD CNOPERATOR，设置“主运营商标识”为 NO(从运营商)，增加从运营商信息。

(2) 增加 RNC 源信令点数据(初始)。

增加 RNC 源信令点数据包括：RNC 的网络标识、源信令点编码和 ATM 地址。RNC 作为移动网络的一个信令点，存在指定的信令点编码。

(3) 激活 license 文件。

(4) 增加 RNC 全局位置信息(初始)。

增加RNC所属位置信息包括LA信息(包括LAC和LA的PLMN标签范围)、RA信息(包括 RAC 和 RA 的 PLMN 标签范围)、CS SA 信息、PS SA 信息和 URA 信息。

具体操作步骤如下：

① 执行 MML 命令 ADD LAC，增加位置区信息。如需增加多个位置区，多次执行此命令。

② 执行 MML 命令 ADD RAC，增加路由区信息。如需增加多个路由区，多次执行此命令。

③ 执行 MML 命令 ADD SAC，增加 CS/PS 服务区信息。如需增加多个服务区，多次执行此命令。

④ 执行 MML 命令 ADD URA，增加 URA 标识。如需增加多个 URA 标识，多次执行此命令。

⑤ (可选)执行 MML 命令 ADD CZ，将一个服务区设置为一个分类区域。如需增加多个分类区域，多次执行此命令。

(5) 增加 M3UA 本地实体(初始)。

当 Iu/Iur 接口采用 IP 传输时，必须配置 M3UA 本地实体。

操作步骤：执行 MML 命令 ADD M3LE，增加一个本地实体。

二、配置 RNC 设备数据

配置 RNC 设备数据的流程图如图 10-4 所示。

(1) 设置 RNC 设备描述信息(初始)。

设置 RNC 基本设备属性包括：系统描述、系统标识、厂家的联系方式、系统的位置和系统业务。

(2) 修改 RNC RSS 插框(初始)。

修改 RNC RSS 插框包括：修改 RSS 插框框名、单板槽位号、单板类型、接口板是否备份和时钟板类型。

(3) 增加 RNC RBS 插框(初始)。

增加 RBS 插框包括：增加插框信息和增加单板信息。初始配置时，对于硬件系统中配置的每个 RBS 插框都需要执行本任务。

(4) 配置 RNC 时钟(初始)。

配置 RNC 时钟信息包括：接口板时钟、系统时钟和时钟工作模式。

(5) 设置 RNC 时间(初始)。

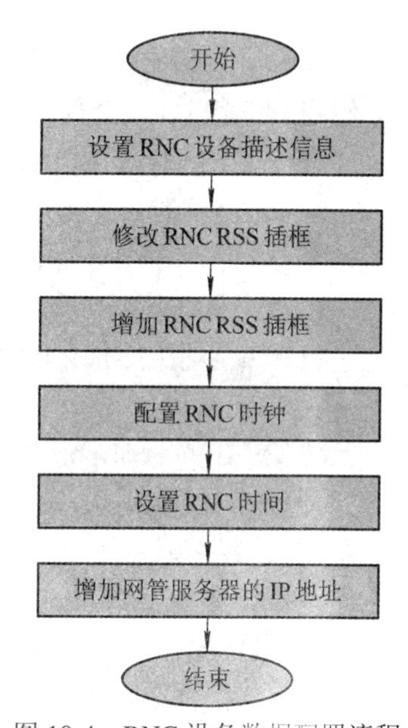

图 10-4　RNC 设备数据配置流程

RNC 时间设置包括：RN 所处的时区、是否有夏令时和夏令时信息。如果 RNC 通过连接 SNTP 服务器从核心网域获取时间信息，则必须设置 SNTP 客户端信息。

(6) 增加网管服务器的 IP 地址(初始)。

如果网管服务器通过 RNC 对 Node B 进行操作维护时，需要增加网管服务器的 IP 地址。

三、增加 RNC Iub 接口数据(IP)

Iub 接口是 RNC 与 Node B 之间的逻辑接口。

当 Iub 接口采用 IP 传输时，配置 Iub 接口数据前需要了解：Iub 接口基于 IP 传输时的协议结构、接口链路、IP 地址和路由配置及操作维护通道配置原理。

增加 Iub 接口数据，即在 RNC 侧增加与该 Node B 之间的 Iub 接口用于传输网络层数据。RNC Iub 接口数据配置流程如图 10-5 所示。

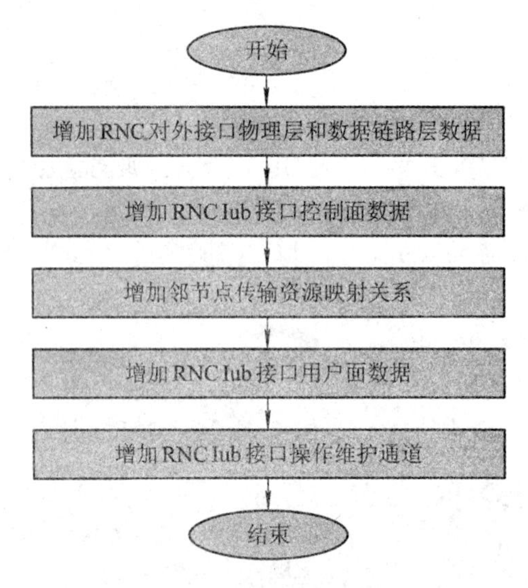

图 10-5　RNC Iub 接口数据配置流程

该接口配置需要在全局和设备配置数据配置完成后进行。

(1) 增加 RNC 对外接口物理层和数据链路层数据。

配置物理层数据前，需要确定接口板类型。根据接口板类型协商和规划各接口的物理传输数据。RNC 基于 IP 传输时对外的物理端口包括：

① E1/T1 端口：

PEUa 单板(32-port Packet over E1/T1/J1 Interface Unit)

② STM-1 端口：

UOI_IP 单板(4-port IP over Unchannelized Optical STM-1/OC-3c Interface unit)

POUa 单板(2-port packet over channelized Optical STM-1/OC-3 Interface Unit)

③ FE/GE 端口：

FG2a 单板(packet over electronic 8-port FE or 2-port GE ethernet Interface unit)

GOUa 单板(2-port packet over Optical GE ethernet Interface Unit)

使用 FG2a 单板/GOUa 单板时，操作步骤如下：

SET ETH PORT

ADD ETH IP

IP 地址类型默认选择“PRIMARY”，一个以太网端口只能配置一个主 IP 地址。当规划多 VLAN 网关时需要配置“IP 地址类型”；选择“SECOND”，一个以太网端口最多可以配置 15 个从 IP 地址。

使用 PEUa 单板时，操作步骤如下：

SET E1/T1

ADD PPPLNK

ADD MPGRP

ADD MPLNK

使用 POUa 单板时，操作步骤如下：

SET E1/T1

SET OPT

SET COPTLNK

ADD PPPLNK

ADD MPGRP

ADD MPLNK

使用 UOI_IP 单板时，操作步骤如下：

SET OPT

ADD PPPLNK

(2) 增加 RNC Iub 接口控制面数据。

当 Iub 接口采用 IP 传输时，为该 Iub 接口增加控制面数据。

具体包括：增加 SCTP 信令链路、Node B 基本信息、Node B 算法参数、传输邻节点及 Iub 端口数据(NCP 和 CCP)。

(3) 增加邻节点传输资源映射关系。

通过增加邻节点传输资源映射关系，为不同等级的用户配置对应的传输资源映射表和激活因子表。

(4) 增加 RNC Iub 接口用户面数据。

当 Iub 接口采用 IP 传输时，为该 Iub 接口增加用户面数据。

具体包括：增加端口控制器、IP path、IP 路由及传输资源组。

(5) 增加 RNC Iub 接口操作维护通道。

当 Iub 接口采用 IP 传输时，为该 Iub 接口增加操作维护通道。

具体包括：增加 Node B 操作维护 IP 地址；当 Node B 采用 DHCP(动态主机设置协议)功能时，增加 Node B 的电子串号。

四、增加 RNC Iu-CS(PS)接口数据

RNC Iu-CS(PS)接口数据配置流程如图 10-6 所示。

Iu-CS(PS)接口是 RNC 与 CS(PS)域之间的逻辑接口，RNC 与核心网通过 Iu-CS(Iu-PS)接口交换电路域(交换分组域)数据。当 RNC 与 CS(PS)域之间采用 IP 传输时，在 RNC 侧增加与该 CS(PS)域之间的 Iu-CS(PS)接口用于传输网络层数据。当 Iu-CS(PS)接口使用 IP 传输时，增加 Iu-CS(PS)接口数据需要遵循的顺序与协议结构一致，即从底层向上层，从控制面到用户面进行数据配置。从 CN 侧来看，Iu-CS(PS)接口(IP 传输)存在两种类型的链路，M3UA 链路和 IP path。

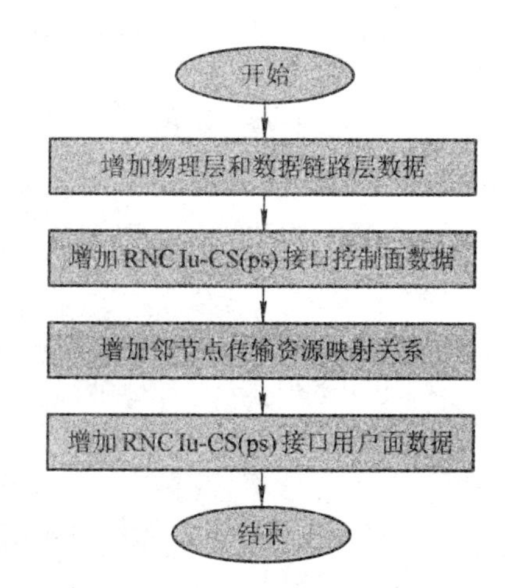

图 10-6　RNC Iu-CS(PS)接口数据配置流程

当 Iu-CS(PS)接口采用 IP 传输时，配置 Iu-CS(PS)接口数据前需要了解 Iu-CS(PS)接口基于 IP 传输的协议结构、接口链路、R4/R5/R6 与 R99 的区别。

在 3GPP R99 中 MSC(Mobile Switching Center)是作为一个实体和 RNC 对接，在 3GPP R4/R5/R6 中 MSC 分裂为 MSC Server 和 MGW(Media GateWay)两种类型的实体和 RNC 对接。

(1) 增加物理层和数据链路层数据。

增加物理层和数据链路层数据是配置 IP 传输方式下 Iub、Iu-CS、Iu-PS 和 Iur 接口数据的基础。配置接口数据前，首先需要确定接口板的类型，然后根据接口板类型完成相应的物理层和数据链路层数据配置。

(2) 增加 RNC Iu-CS(PS)接口控制面数据。

增加 Iu-CS(PS)接口的控制面数据包括：增加 SCTP 链路，目的信令点，M3UA 数据，传输邻节点，CN 域信息以及节点数据。

(3) 增加邻节点传输资源映射关系。

通过增加邻节点传输资源映射关系，为不同等级的用户配置对应的传输资源映射表和激活因子表。

(4) 增加 RNC Iu-CS(PS)接口用户面数据。

当 Iu-CS(PS)接口采用 IP 传输时，增加 Iu-CS(PS)接口的用户面数据，包括：增加端口控制器、增加 IP path 及增加 IP 路由。

五、配置小区数据

RNC 小区数据配置流程如图 10-7 所示。

RNC 小区数据(无线层数据)配置包括：本地小区基本信息、逻辑小区信息、同频邻近小区信息、异频邻近小区信息及 GSM 邻近小区信息。

配置小区数据用于增加无线层数据，在配置完小区数据后，将所有插框切换到在线状态。

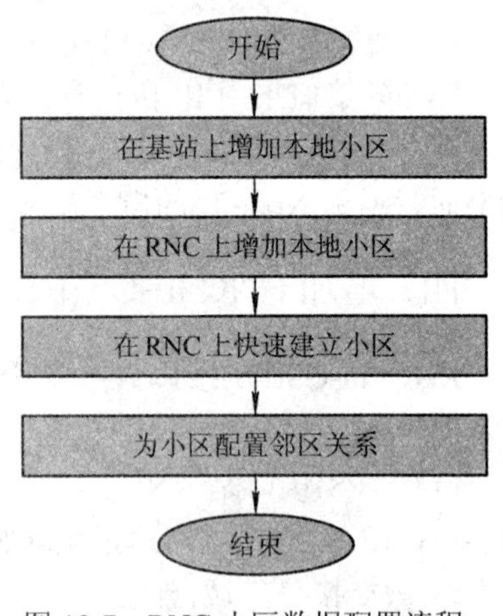

图 10-7　RNC 小区数据配置流程

1. 区域标识

(1) PLMN ID。PLMN(Public Land Mobile Network)是由行政部门或公认的私人运营商建立并运营的，以为公众提供大陆移动无线通信服务为特定目的的网络。PLMN 用于区分不同国家不同的移动通信运营商，不同运营商的 PLMN 采用不同的 PLMN 标识进行区分。

PLMN ID(PLMN IDentification)用于在全球范围内唯一标识一个 PLMN 网络，它由两部分组成：MCC 和 MNC，如图 10-8 所示。

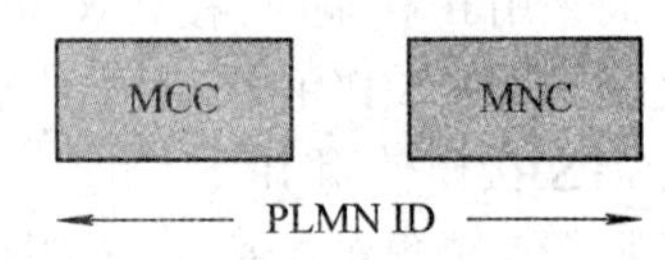

图 10-8　PLMN ID 结构示意图

① MCC(Mobile Country Code)：用于区分不同的国家或地区。

② MNC(Mobile Network Code)：用于区分不同的网络运营商。

(2) LA 区域标识。与 LA 相关的区域标识包括 LAC 和 LAI。

① LAC(Location Area Code)：用于在 PLMN 范围内唯一标识一个位置区(LA)。LAC 为 2 字节十六进制编码，范围为 0000～FFFF(0000 和 FFFE 保留使用)。表示方式为 h'X1X2X3X4 或 H'X1X2X3X4，h'和 H'为十六进制标记。

② LAI(Location Area Identification)：用于在全球范围内唯一标识一个 LA。LAI 由三部分组成：MCC、MNC 和 LAC，如图 10-9 所示。

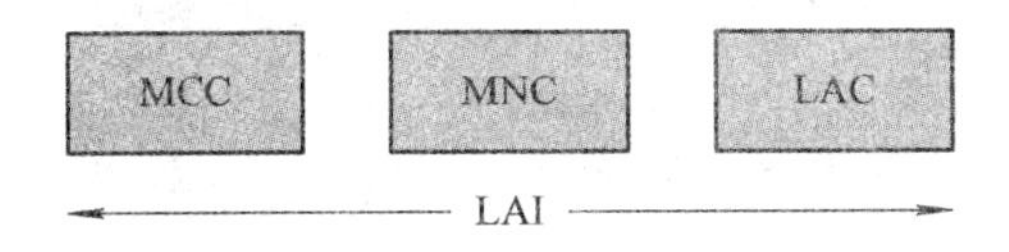

图 10-9 LAI 结构示意图

(3) SA 区域标识。与 SA 相关的区域标识包括 SAC 和 SAI。

① SAC(Serve Area Code)：用于在位置区内唯一标识一个服务区，它是 2 字节十六进制编码。

② SAI(Service Area Identification)：用于在全球范围内唯一标识一个服务区。SAI 由四部分组成：MCC、MNC、LAC 和 SAC，也可表示为 LAI 和 SAC，如图 10-10 所示。

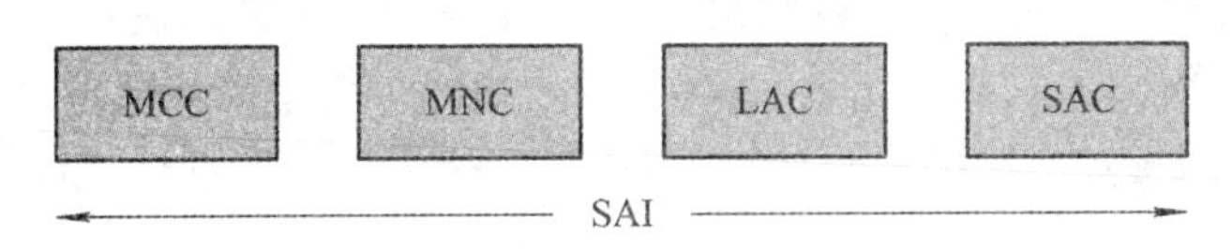

图 10-10 SAI 结构示意图

(4) RA 区域标识。与 RA 区域相关的标识包括 RAC、RAI。

① RAC(Routing Area Code)：用于在位置区内唯一标识一个路由区，它是 1 字节十六进制编码。

② RAI(Routing Area Identification)：用于在全球范围内唯一标识一个路由区。RAI 由四部分组成：MCC、MNC、LAC 和 RAC，也可表示为 LAI 和 RAC，如图 10-11 所示。

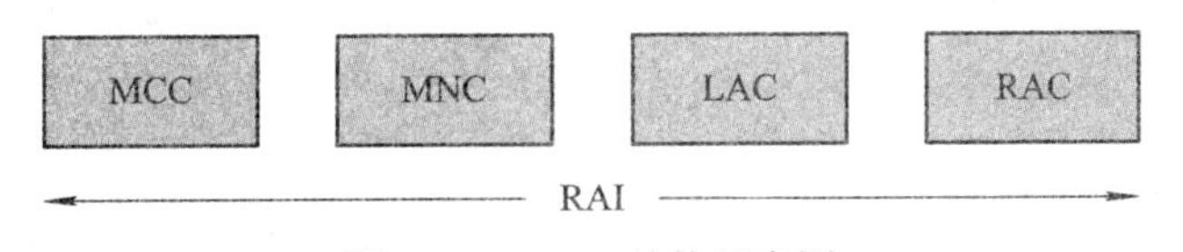

图 10-11 RAI 结构示意图

(5) URA 区域标识。URA 是一组小区的集合，在这个集合里面的处于 URA_PCH 状态的 UE 可以无需进行频繁的小区更新。一个小区可以属于多个 URA。RNC 使用 URA ID 来识别 URA，URA ID 在 RNC 范围内统一编号，URA ID 的取值范围为 0～65 535。

(6) PLMN 标签范围。PLMN 标签(PLMN Value Tag)作为一个信息单元，包含在 MIB(Master Information Block)和 SIB1 中。每次 SIB1 发生更新时 MIB 中的 PLMN 标签值会随之变化，UE 发现 PLMN 标签值变化后会自动读取更新后的 SIB1。

当 UE 在属于不同 LA(Location Area)或 RA(Routing Area)的相邻小区间移动时，为确保 UE 能主动读取目标小区的 SIB1 从而发起位置更新过程，应保证这两个小区具有不同的 PLMN 标签值。

基于以上事实，应当通过网络规划为地理上相邻(包括地理上的包含关系)的任意两个区域(LA 之间、LA 和 RA 之间、RA 之间)分配不同的 PLMN 标签值域范围，彼此之间没有重叠。

实际设置参数时，操作员应当把经过协商的没有重叠的 PLMN 标签值域范围指定给任意相邻的区域(LA 或 RA)，LA 或 RA 的 PLMN 标签值会在设定的范围内变化，保证 UE 跨区域移动时肯定会读取到不同的 PLMN 标签值，从而正常读取 SIB1。PLMN 标签范围规划举例如图 10-12 所示。

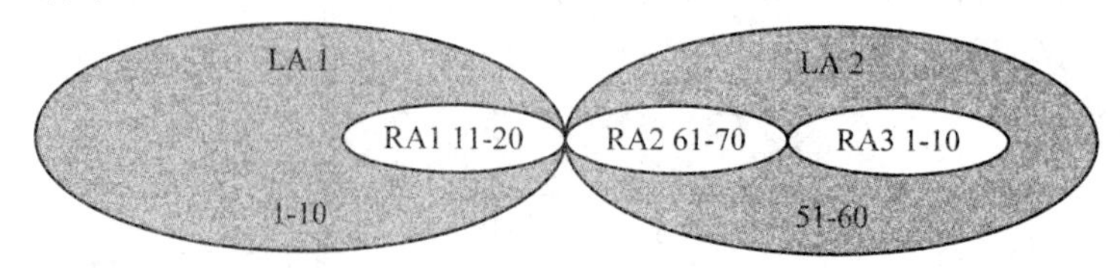

图 10-12　PLMN 标签范围规划举例

2．扇区、载频和小区定义

扇区(Sector)是指覆盖一定地理区域的最小无线覆盖区。每个扇区使用一个或多个无线载频(Radio carrier)完成无线覆盖，每个无线载频使用某一载波频点(Frequency)。

扇区和载频组成了提供 UE 接入的最小服务单位，即小区(Cell)。扇区分为全向扇区和定向扇区。全向扇区常用于低话务量覆盖，它以全向收发天线为圆心，覆盖 360° 的圆形区域。当覆盖区域的话务量增大时，需要进行扇区分裂，形成 3 扇区或 6 扇区的定向扇区；定向扇区多副定向天线完成各自区域的覆盖，如 3 扇区每副定向天线覆盖 120° 的扇形区域，6 扇区每副定向天线覆盖 60° 的扇形区域。当然实际覆盖时方向角还略大，扇区之间会形成重叠区域。

一个基站支持的小区数由“扇区数 × 每扇区载频数”确定。图 10-12 所示为典型的 3 × 2 配置站形，整个圆形区域分为 3 个扇区(Sector 0/1/2)进行覆盖、每扇区使用 2 个载频，每个载频组成一个小区，共 6 个小区。

WCDMA 允许同频复用，但要求同频点的不同扇区的相邻小区之间，可采用不同的下行主扰码，以降低相互间干扰。

扇区、载频和小区之间的关系如图 10-13 所示。

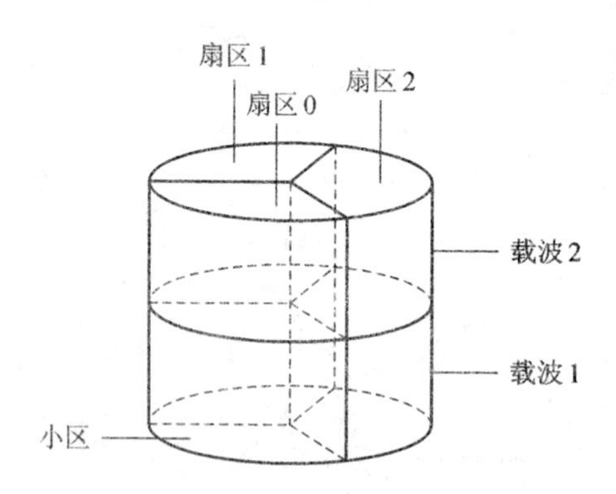

图 10-13　扇区、载频和小区之间的关系

3．本地小区和逻辑小区

3GPP 协议中，将一个提供业务的小区从实现层面和逻辑资源管理层面分别称为本地小区和逻辑小区。

(1) 本地小区是 Node B 组成小区的物理资源(例如硬件资源、软件资源)的集合，本地小区与一个设备的具体实现相关。

不同厂商的Node B通过各自特定的实现方式提供小区的物理资源，为了使RNC通过标准的Iub接口控制不同厂商Node B中小区的无线资源，3GPP提出了标准的逻辑小区的概念。

(2) 逻辑小区是RNC控制小区无线资源的标准逻辑模型，这个模型和Node B中的本地小区的具体实现方式无关，保证了Iub接口的开放性。

本地小区参数在Node B设备上配置，并且由Node B管理；逻辑小区在RNC设备上配置，并且由RNC管理。逻辑小区与本地小区存在一一对应关系。

4. 逻辑小区模型

逻辑小区模型可用于指导逻辑小区配置。逻辑小区配置模型如图10-14所示，方框上面的数字表示方框作为子节点的个数，方框下面的数字表示方框作为父节点的个数。

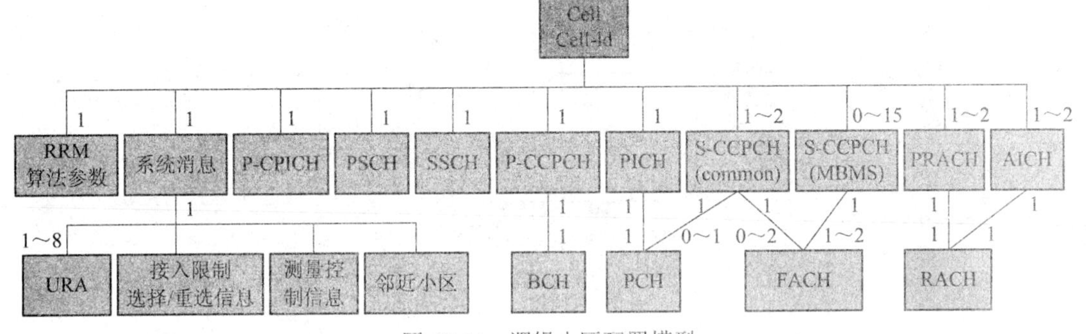

图10-14 逻辑小区配置模型

- P-CPICH(Primary Common Pilot Channel)：主公共导频物理信道。
- PSCH(Primary Synchronization Channel)：主同步信道。
- SSCH(Sencondary Synchronization Channel)：从同步信道。
- P-CCPCH(Primary-Common Control Physical Channel)：主公共控制物理信道。
- PICH(Paging Indicator Channel)：寻呼指示信道。
- S-CCPCH(Secondary-Common Control Physical Channel)：从公共控制物理信道。
- PRACH(Physical Random Access Channel)：物理随机接入信道。
- AICH(Acquisition Indication Channel)：捕获指示信道。
- BCH(Broadcast Channel)：广播信道。
- PCH(Paging Channel)：寻呼信道。
- FACH(Forward Access Channel)：前向接入信道。
- RACH(Random Access Channel)：随机接入信道。

5. 逻辑小区所属区域

逻辑小区必须处于一定的位置区、服务区、路由区和URA区中。逻辑小区有下列特点：

(1) 一个小区只能属于1个位置区。

(2) 一个小区只能属于1个路由区。

(3) 一个小区只能属于一个CS/PS服务区。

(4) 一个小区只能属于一个CBS服务区。

(5) 一个小区可以属于1~8个URA区。

6. 邻近小区

邻近小区是针对某个具体小区而言的，UMTS 小区的邻近小区有 3 种类型：同频邻近小区、异频邻近小区和 GSM 邻近小区。

(1) 同频邻近小区是指覆盖区域与当前服务小区有部分重叠，并且所使用的载频与当前服务小区相同的小区。

(2) 异频邻近小区是指覆盖区域与当前服务小区有部分重叠，并且所使用的载频与当前服务小区不同的小区。

(3) GSM 邻近小区是指与当前服务小区邻近，但是属于 GSM/GPRS/EDGE 系统的小区。

➢ 任务评价

RNC 数据配置任务评价单

姓名：	自 评 (10%)	班 组 (30%)	教师评分 (60%)
理论知识的掌握(满分 20 分)			
实践与分析能力(满分 50 分)			
数据配置技能(满分 30 分)			
小计			
总分(满分 100 分)			

任务 10 附注

评价标准及依据

评价指标	评 价 标 准	评价依据	权重	得分
RNC 设备硬件结构	RNC 设备硬件结构及组成、RSS/RBS 插框的单板配置及各单板的作用	理论考核	20%	100
数据配置技能	1. 能否对照协商数据按步骤完成配置； 2. 配置数据加载到 RNC 面板，查看面板显示是否符合要求	配置过程、配置结果	50%	
职业素质	1. 工作态度是否主动认真细致； 2. 能否灵活处理数据； 3. 遇到不顺利的状况，能否耐心查找解决； 4. 小组是否团结协调	操作过程	30%	